Photoshop

CS5 图像处理
项目化教程

骆焦煌　杨爱华　编著

清华大学出版社

北　京

内 容 简 介

本书全面、系统地介绍了 Photoshop CS5 的基本操作方法和图像处理技巧。内容包括 Photoshop CS5 基础知识、创建和编辑选区、描绘和修饰图像、调整图像的颜色、图层及其应用、通道与蒙版的应用、路径与形状的应用、文字的设计、滤镜的应用、打印输出。本书图文并茂,实例丰富,各章实例素材和效果图及本教材配套课件可登录 www.tup.com.cn 下载。

本书可作为各高校图形图像处理相关课程的教材,也可作为相关从业人员的自学参考书。

图书在版编目(CIP)数据

Photoshop CS5 图像处理项目化教程/骆焦煌,杨爱华编著.--北京:清华大学出版社,2013
ISBN 978-7-302-32561-1

Ⅰ.①P… Ⅱ.①骆…②杨… Ⅲ.①图象处理软件 Ⅳ.①TP391.41

中国版本图书馆 CIP 数据核字(2013)第 109908 号

责任编辑:陈砺川
封面设计:傅瑞学
责任校对:袁　芳
责任印制:王静怡

出版发行:清华大学出版社
　　　　网　　址:http://www.tup.com.cn,http://www.wqbook.com
　　　　地　　址:北京清华大学学研大厦 A 座　　　　　　邮　　编:100084
　　　　社 总 机:010-62770175　　　　　　　　　　　　邮　　购:010-62786544
　　　　投稿与读者服务:010-62776969,c-service@tup.tsinghua.edu.cn
　　　　质量反馈:010-62772015,zhiliang@tup.tsinghua.edu.cn
　　　　课件下载:http://www.tup.com.cn,010-62795764
印 装 者:北京国马印刷厂
经　　销:全国新华书店
开　　本:185mm×260mm　　印　　张:14.25　　　　字　　数:346 千字
版　　次:2013 年 8 月第 1 版　　　　　　　　　　　印　　次:2013 年 8 月第 1 次印刷
印　　数:1～3000
定　　价:31.00 元

产品编号:053504-01

一、关于本书

教育部要求各高等院校应把培养学生动手能力、实践能力和可持续发展能力放在突出的地位,加强对学生技能的培养;所用教材的内容要紧密结合实际应用,并注意及时跟踪先进技术的发展。据此,编者结合目前教学改革的要求,基于任务式教学模式,以"理论够用为基础,项目任务为主线,重在培养操作技能"的原则编写了本书。

Photoshop 是 Adobe 公司推出的图像设计及处理软件,它因具有强大的功能而深受用户的青睐。Photoshop 集图像设计、创作、扫描、编辑、合成、网页制作及高品质的输出功能于一体,是平面设计人员的首选工具。随着多媒体和互联网络技术的发展,Photoshop 的功能也越来越强大。Adobe 公司已推出 Photoshop CS3、Photoshop CS4、Photoshop CS5 版本,本书以 Photoshop CS5 版本进行讲解,当然,也可以使用 Photoshop CS3、Photoshop CS4 版本对书中的任务进行操作。

本书不仅介绍了 Photoshop CS5 的基础知识及各项功能,还介绍了 Photoshop CS5 的文字特效和图像特效的完整制作过程和创意表达,通过书中十几个任务,读者将会进入丰富多彩的图形图像设计世界。

二、本书结构

本书共分 10 章,具体内容安排如下。

第 1 章:Photoshop CS5 基础知识。主要介绍 Photoshop CS5 的新功能,文件的建立、打开与保存,Photoshop CS5 的操作界面,自定义工作环境,图像的输入和输出及辅助工具的使用等内容。

第 2 章:创建和编辑选区。主要介绍选区创建工具的应用、选区创建的方法及选区的编辑等内容。

第 3 章:描绘和修饰图像。主要介绍图像的描绘、填充、擦除、修饰等内容。

第 4 章:调整图像的颜色。主要介绍图像色彩模式、应用色彩和色调命令及应用特殊色调等内容。

第 5 章:图层及其应用。主要介绍图层面板、图层的基本操作、设置图层的特殊样式和设置图层的混合模式等内容。

第 6 章:通道与蒙版的应用。主要介绍通道的基本概念、通道的操作、蒙版的应用等内容。

第 7 章:路径与形状的应用。主要介绍路径的概念、创建和编辑路径等内容。

第 8 章:文字的设计。主要介绍文字的输入、编辑和修改等内容。

第 9 章：滤镜的应用。主要介绍滤镜应用基础、像素化滤镜组、扭曲滤镜组、杂色滤镜组、模糊滤镜组、渲染滤镜组、画笔描边滤镜组、素描滤镜组、纹理滤镜组、艺术效果滤镜组、锐化滤镜组、风格化滤镜组、其他滤镜组、插件滤镜的使用等内容。

第 10 章：打印输出。主要介绍图像输出时页面设置方面的内容。

三、学习指导

Photoshop CS5 既是一个图像处理软件，也是一种工具。它看似简单，但并非很容易掌握。一些术语，如通道、图层、路径、蒙版，就不容易理解。为此，本书提供了大量的任务操作来帮助读者理解，只需一步一步地按照本书介绍的操作方法去做，即可事半功倍。

四、本书特点

本书内容通俗易懂、图文并茂、任务丰富，便于教与学。任务来源于工程实际或生活过程，极具亲和力。每一章都配有相应的任务，读者可以通过做题进一步巩固所学内容，检查自己的学习情况。本书配有电子教案、素材和习题参考答案，读者可登录 www. tup. com. cn 下载。

本书由骆焦煌、杨爱华合作编写完成。骆焦煌编写第 1～7 章，并负责全书的统稿工作，杨爱华编写第 8～10 章。由于编写时间仓促，加之编者水平有限，不足之处在所难免，敬请广大读者批评指正。

编　者

2013 年 3 月

目 录

第 1 章

Photoshop CS5 基础知识

Photoshop CS5 是 Adobe 公司推出的图像编辑软件,是每一位从事平面设计、网页设计影像合成、多媒体动画制作等专业人士必不可少的工具。随着数码相机的普及,越来越多的摄影爱好者开始使用 Photoshop 来修饰和处理照片,从而极大地扩展了 Photoshop 的应用领域和范围,使 Photoshop 成为一款大众性的软件。

学习要点

- 图像处理的基础知识
- Photoshop CS5 的操作界面
- Photoshop CS5 的首选项
- Photoshop CS5 的预设功能
- 图像文件的基本操作
- 辅助工具的使用

学习任务

任务一 查看系统信息
任务二 自定义菜单命令快捷键
任务三 制作婚纱网站首页
任务四 汽车广告设计

1.1 图像处理的基础知识

在学习 Photoshop 之前了解一些图像概念是有必要的。本节将介绍在 Photoshop CS5 中处理图像时的一些基本概念。

1.1.1 图像的类型

在计算机中处理的图形从描述原理上大致可分为两种:矢量图和位图。其中,矢量图适合于技术插图,但聚焦和灯光的质量很难在一幅矢量图中获得;而位图则能给人一种照片似的清晰感觉,其灯光、透明度和深度的质量等都能很逼真地表现出来。

1. 矢量图

矢量图也称向量图,是用一系列计算机指令来描述和记录一幅图形的,它所记录的是对象的几何形状、线条粗细和色彩等,生成的矢量图文件很小。其特点是无论放大多少倍,它的边缘都是平滑的,不会因为显示比例的改变而降低图形的品质,因此,特别适用于图案设计、版式设计、标志设计、插图及计算机辅助设计(CAD)等。

矢量图只能表示有规律的线条组成的图形,如工程图、艺术字等,对于由无规律的像素点组成的图像,很难用数学形式表达,因此,很少使用矢量图格式。而且,使用矢量图不容易制作色彩丰富的图像,绘制的图像不真实,在不同的软件之间交换数据也不方便。

常见的矢量图处理软件有 AutoCAD、CorelDRAW、Illustrator 等。

2. 位图

位图也称点阵图或像素图,它是由计算机屏幕上的发光点(即像素)构成的,每个发光点用二进制数据来描述其颜色与亮度等信息,这些点是离散的,类似于矩阵。多个像素的色彩组合就形成了图像,即位图。

位图图像在放大时会失真,放大到一定限度时会发现它是由一个个小方格组成的,那些小方格被称为像素点。像素是组成图像的最小单位元素,因此,处理位图图像时,用户编辑的是像素而不是对象或形状。在一幅位图中,每平方英寸中所含的像素越多,图像就越清晰,颜色之间的过渡也就越平滑。实际上,计算机存储位图图像,是存储图像的各个像素的位置和颜色数据等信息,图像越清晰、像素越多,存储时所占的内存也就越大。因此,位图图像的大小和质量取决于图像中像素点的多少。

位图图像可以通过扫描、数码相机或 PhotoCD 获得,也可通过 Photoshop 和 Corel PHOTO-PAINT 等软件生成。图 1-1 和图 1-2 为矢量图和位图放大后的效果。

图 1-1　矢量图

图 1-2　位图

1.1.2　图像分辨率

分辨率是指单位长度内像素的多少,单位长度内像素越多,图像就越清晰。另外,分辨率既可以指图像文件包括的细节和信息量,也可以指输入、输出或者显示设备能够产生的清晰度等级,它是一个综合性的术语。在处理位图时,分辨率同时影响最终输出文件的质量和大小。

※注意

图像文件的大小、图像尺寸、分辨率三者之间有着紧密的联系。当分辨率不变时,改变图像的尺寸,其文件的大小也将发生改变,尺寸较大时保存的文件也较大;当分辨率改变时,文件的大小会相应发生改变,分辨率越大,则图像文件也越大。

1.2 Photoshop CS5 的操作界面

根据 Photoshop CS5 安装软件的说明安装好 Photoshop CS5 后,即可运行该程序。选择"开始"→"程序"→Adobe Photoshop CS5 命令,或双击桌面上的快捷方式图标 ,都可以进入 Photoshop CS5 的操作界面,如图 1-3 所示。Photoshop CS5 的操作界面和 Photoshop 以前的版本无太大差异,包括快捷工具栏、标题栏、菜单栏、属性栏、工具箱、状态栏、文档窗口及各类浮动面板等,以下将具体介绍。

图 1-3 Photoshop CS5 操作界面

1. 标题栏

标题栏位于窗口的最顶部,是所有 Windows 程序共有的。标题栏用来显示应用程序的名称,在有的软件中还可以显示当前操作的图像文件的名称。单击标题栏左侧的 图标,即可弹出 Photoshop CS5 的窗口控制菜单,如图 1-4 所示。在标题栏的右侧有 3 个按钮 ,从左到右分别为最小化按钮、最大化还原按钮、关闭按钮,这与 Windows 程序的窗口一致,各按钮的作用也相同。

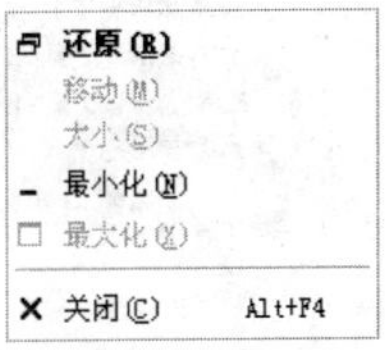

图 1-4 窗口控制菜单

2. 菜单栏

Photoshop CS5 共有 11 个主菜单,如图 1-5 所示。单击每个菜单项都会弹出其下拉菜单,在其中陈列着 Photoshop 的大部分命令选项,通过这些菜单,几乎可以实现 Photoshop 的全部功能。

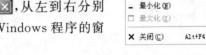

图 1-5 菜单栏

在弹出的下拉菜单中,有些命令后面带有 ▶ 符号,表示选择该命令后会弹出相应的子菜单,供用户做更详细的选择;还有些命令后面带有 ··· 符号,表示选择该命令后会弹出一个与此命令相关的对话框,在此对话框中可设置各种参数;另外,还有一些命令显示为灰色,表示该命令正处于不可选的状态,只有在满足一些条件之后才能使用。

3. 属性栏

在属性栏中,用户可以根据需要设置工具箱中各种工具的属性,使工具的应用更加灵活,以提高工作效率。属性栏的选项在选择不同的工具或进行不同的操作时会发生变化。图 1-6 所示为矩形选框工具的属性栏。

图 1-6　矩形选框工具属性栏

4. 工具箱

工具箱位于窗口的最左侧,它提供了 70 多种工具。利用这些工具,用户可以选择、绘画、编辑和查看图像,还可以选取前景色和背景色、创建快速蒙版及更改画面显示模式。大多数的工具都有相关的画笔和选项面板,可使用户限定该工具的绘画和编辑效果。图 1-7 为 Photoshop CS5 中的工具箱。

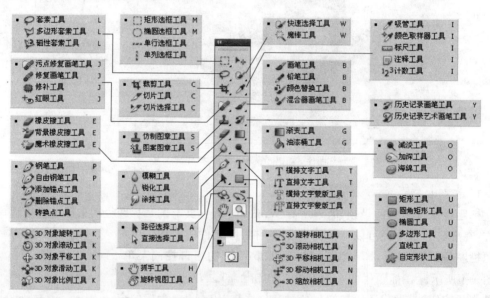

图 1-7　Photoshop CS5 的工具箱

工具箱中有些工具右下角有黑色的小三角标志,表示该工具还包含同类型的工具,只需在该工具按钮处单击并按住鼠标左键或右击,稍后就会出现隐藏的工具,如图 1-8 所示。

5. 状态栏

Photoshop CS5 中的状态栏和以前版本不同,它位于打开的图像文件窗口的最底部,用来显示当前操作的状态信息,如图像的当前放大倍数和文件大小等。单击状态栏中的右箭头按钮,在弹出的下拉菜单中选择"显示"命令,在弹出的子菜单中可以设置文档大小、文档配置文件、文档尺寸、测量比例、32 位曝光等,如图 1-9 所示。

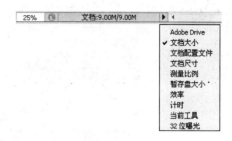

图 1-8　隐藏的工具　　　　　　　　　　图 1-9　状态栏

6. 文档窗口

　　文档窗口也称工作区,用来显示图像文件,便于用户进行编辑、浏览和描绘图像等操作。在标题栏上有文件名称、文件格式、显示比例和色彩模式等信息。当打开多个图像时,文档窗口将以选项卡的形式进行显示。文档窗口一般显示正在处理的图像文件,如果准备切换文档窗口,可以选择相应的标题名称,按 Ctrl＋Tab 组合键可以按照顺序切换窗口,按 Ctrl＋Shift＋Tab 组合键可以按照相反的顺序切换窗口,如图 1-10 所示。

图 1-10　Photoshop CS5 文档窗口

7. 各类浮动面板

　　浮动面板位于窗口的最右边,在默认的状态下,它都是以面板组的形式放置在界面上的,若要选择同一组中的其他面板,则单击相应的面板标签即可,如图 1-11 所示。

　　在编辑或进行平面设计的过程中,若觉得窗口中的面板位置不合适,可对其进行拖动。方法很简单,只要按住鼠标左键并拖动面板标题栏即可。另外,在工作窗口中,可通过按 Tab 键来隐藏或显示工具箱和浮动面板。这样既可以节省空间,也便于用户在需要的时候进行操作。

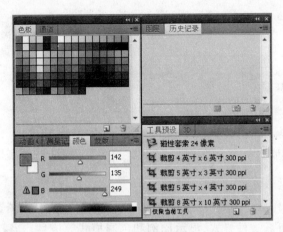

图 1-11   各类浮动面板

1.3   Photoshop CS5 的首选项

通过使用 Photoshop CS5 的首选项，用户可根据个人电脑的反应速度，对 Photoshop CS5 有选择地优化。下面介绍优化 Photoshop CS5 的首选项的操作方法。

1.3.1   优化常规选项

使用 Photoshop CS5 的首选项，可以对 Photoshop CS5 的常规选项进行优化，下面介绍优化常规选项的操作方法。

（1）打开 Photoshop CS5 后，选择"编辑"→"首选项"→"常规"命令，如图 1-12 所示。

图 1-12   选择"编辑"→"首选项"→"常规"命令

（2）弹出"首选项"对话框，在"常规"选项的"选项"区域中，选中"动态颜色滑块"、"启用轻击平移"复选框，单击"确定"按钮。通过以上操作方法即可优化常规选项，如图 1-13 所示。

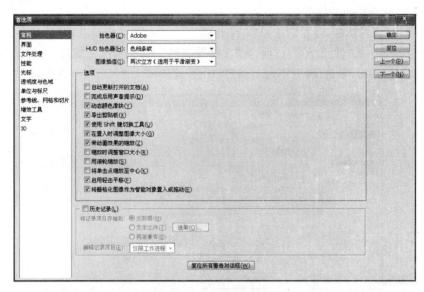

图 1-13 "首选项"对话框

1.3.2 优化界面选项

使用 Photoshop CS5 的首选项，用户可以对 Photoshop CS5 的界面选项进行优化，下面介绍优化界面选项的操作方法。

打开"首选项"对话框，在"名称"区域中，选择"界面"选项的"常规"区域，在"全屏"下拉列表中选择"黑色"选项；在"面板和文档"区域中，选中"自动显示隐藏面板"复选框；单击"确定"按钮，通过以上操作步骤即可优化界面选项，如图 1-14 所示。

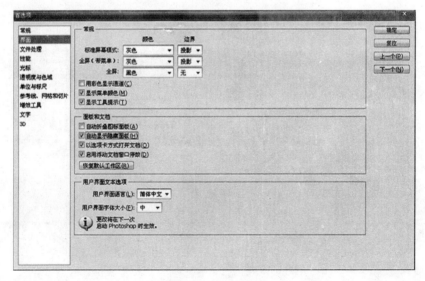

图 1-14 "界面"选项

1.3.3 文件处理选项

使用 Photoshop CS5 的首选项，可以对 Photoshop CS5 的文件处理选项进行优化，下面介绍优化文件处理选项的操作方法。

打开"首选项"对话框，在左侧选择"文件处理"选项，在"文件存储选项"区域中，选择"文件扩展名"下拉列表中的"使用小写"选项，在"文件兼容性"区域中，选中"存储分层的 TIFF 文件之前进行询问"复选框，单击"确定"按钮。通过以上步骤即可优化文件处理选项，如图 1-15 所示。

图 1-15 "文件处理"选项

1.3.4 优化性能选项

使用 Photoshop CS5 的首选项，可以对 Photoshop CS5 的性能选项进行优化，下面介绍优化性能选项的操作方法。

打开"首选项"对话框，在左侧选择"性能"选项，在"内存使用情况"区域中，在"让 Photoshop 使用"文本框中输入内存使用的数值，如"933"。在"暂存盘"区域中，选中"C：\"复选框，单击"确定"按钮。通过以上操作即可优化性能选项，如图 1-16 所示。

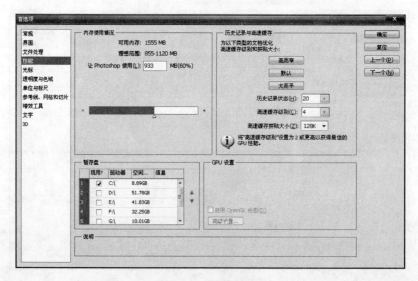

图 1-16 "性能"选项

1.4 Photoshop CS5 的预设功能

在 Photoshop CS5 中,可以通过预设功能添加常用的工具,同时也可以将不常用的功能进行删减。下面介绍 Photoshop CS5 预设功能方面的知识。

1.4.1 工具预设面板

使用 Photoshop CS5 预设功能之前,需要将"工具预设"面板调到工作区中,下面介绍调出"工具预设"面板的操作方法。

(1) 打开 Photoshop CS5 后,选择"窗口"→"工具预设"命令,如图 1-17 所示。

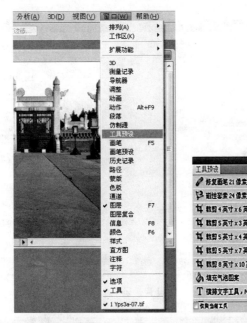

图 1-17 选择"窗口"→"工具预设"命令

(2) 在弹出的"工具预设"面板中,可以查看已经预设的工具,如图 1-17 所示。

1.4.2 运用预设管理器

打开"工具预设"面板后,可以使用预设管理器,对 Photoshop CS5 的工具进行管理,下面介绍运用预设管理器的操作方法。

(1) 打开"工具预设"面板后,在"工具预设"下拉菜单中选择"预设管理器"命令,如图 1-18 所示。

(2) 在弹出的"预设管理器"对话框中,选择不需要的工具选项,单击"删除"按钮,如图 1-19 所示。

(3) 单击"完成"按钮,通过以上方法即可运用预设管理器对工具预设进行管理,如删除"修复画笔"工具,如图 1-20 所示。

图 1-18　"预设管理器"命令

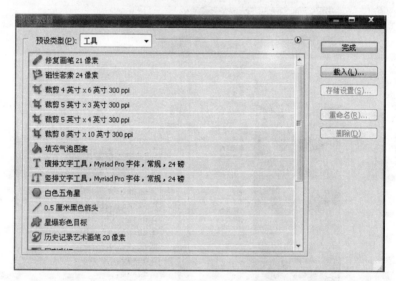

图 1-19　"预设管理器"对话框

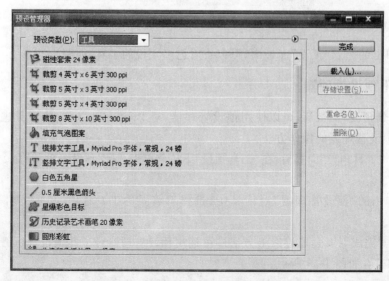

图 1-20　删除"修复画笔"工具后的窗口

1.5 图像文件的基本操作

在使用 Photoshop CS5 时，经常要对图像进行一些基础的操作。本节将介绍 Photoshop CS5 的一些常见的操作方法，如图像文件的新建、打开、关闭和保存等操作。

1.5.1 新建文档

在 Photoshop CS5 中新建文件的操作步骤如下。

（1）选择"文件"→"新建"命令，或按 Ctrl＋N 组合键，都可以打开"新建"对话框，如图 1-21 所示。

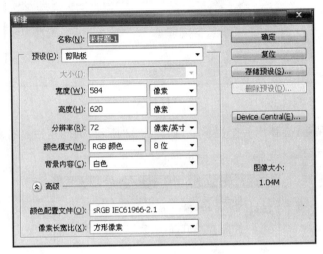

图 1-21 "新建"对话框

（2）在该对话框中，用户可根据需要在其中设置新建文件的名称、尺寸大小、分辨率和颜色模式等。

（3）设置完成后，单击"确定"按钮，即可新建图像文件。

1.5.2 打开文件

打开图像文件的方法很简单，选择"文件"→"打开"命令或按 Ctrl＋O 组合键，都可打开"打开"对话框，如图 1-22 所示。

在该对话框中，选择需要打开的图像文件，或直接在"文件名"文本框中输入要打开文件的名称，然后单击"打开"按钮即可。若要按指定的格式打开文件，则在"文件类型"下拉列表中选择需要的文件格式即可。

> **技巧**：在需要打开的图像文件上双击，也可将图像文件打开。

1.5.3 关闭文件

关闭图像文件的方法很简单，选择"文件"→"关闭"命令，或按 Ctrl＋W 组合键，都可关闭图像文件，也可以直接单击图像窗口右上角的"关闭"按钮来关闭图像。如果文件已被编

图 1-22 "打开"对话框

辑过,但是还没有保存,会弹出一个提示框,如图 1-23 所示,询问用户是否保存编辑的内容,可以根据需要进行选择。

图 1-23 提示框

1.5.4 保存文件

对图像文件进行编辑之后,如果要将它们保存起来,可用以下 3 种方法来进行。

1. 存储

选择"文件"→"存储"命令,或按 Ctrl＋S 组合键,都可将编辑过的文件以路径、原名称、原文件格式保存到磁盘中,并且会覆盖原始的文件。在使用该命令时应该小心,否则可能会丢失文件。如果是第一次保存文件,则相当于执行"存储为"命令,会弹出"存储为"对话框,下面将具体介绍。

2. 存储为

选择"文件"→"存储为"命令,或按 Shift＋Ctrl＋S 组合键,都可打开"存储为"对话框,如图 1-24 所示。

在该对话框中,可将修改过的文件重新命名、改变存储路径或改变文件格式后再进行保存,这样就不会覆盖原来的文件。

3. 存储为网页格式

选择"文件"→"存储为 Web 和设备所用格式"命令,或按 Ctrl＋Alt＋Shift＋S 组合键,

图 1-24 "存储为"对话框

都可打开"存储为 Web 和设备所用格式"对话框,如图 1-25 所示。在该对话框中,可通过对各选项进行设置,优化网页图像,将图像保存为适合于网页的格式。

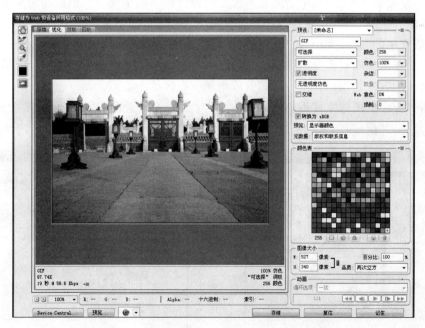

图 1-25 "存储为 Web 和设备所用格式"对话框

1.5.5 调整文档尺寸

在操作过程中,如果图像尺寸不符合自己的要求,可通过下面的方法来调整图像的大小。

1. 利用"图像大小"命令调整

选择"图像"→"图像大小"命令,弹出"图像大小"对话框,如图 1-26 所示。在该对话框中可对图像的大小进行调整。

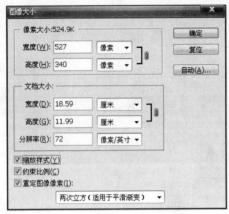

图 1-26 "图像大小"对话框

在该对话框中的"像素大小"区域中可以设置图像的宽度和高度,它决定了图像显示的尺寸;在"文档大小"区域中可设置图像的打印尺寸和打印分辨率;若选中"约束比例"复选框,在改变图像的宽度和高度时,将自动按比例进行调整,以使图像的宽度和高度比例保持不变;选中"重定图像像素"复选框,在改变打印分辨率时,将自动改变图像的像素数,而不改变图像的打印尺寸。同时,用户还可以通过单击该复选框右侧的三角形按钮,在弹出的下拉列表中选择插值的方法。

设置完成后,单击"确定"按钮,即可更改图像文件的大小。

2. 利用"画布大小"命令调整

打开一幅图像文件后,如果需要在不改变图像分辨率的情况下对图像的画布进行调整,可选择"图像"→"画布大小"命令,弹出"画布大小"对话框,如图 1-27 所示。

该对话框中的"新建大小"区域可设置新调整画布的宽度与高度值,若输入尺寸小于原来尺寸,就会在图像四周裁剪图像,反之,则会增加空白区域;"定位"选项可设置进行操作的中心点,默认的方式是以图像中心为裁剪或增加空白区的中心点。

例如,打开一幅图像文件后,在"画布大小"对话框中设置图 1-28 所示的参数。设置完成后,单击"确定"按钮,图像效果如图 1-29 所示。

图 1-27 "画布大小"对话框

图 1-28 设置画布大小参数

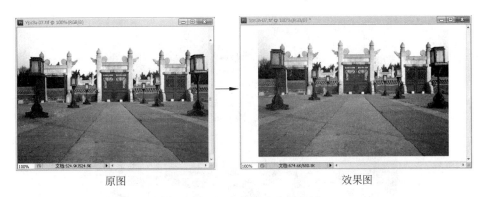

原图   效果图

图 1-29   改变画布大小的效果

3. 裁切图像

单击工具箱中的"裁切工具"按钮 ，也可调整图像的大小。方法很简单，在需要裁切的图像中拖动鼠标，创建带有节点的裁切框，如图 1-30 所示。

图 1-30   创建图像裁切框

当鼠标指针移至节点时，将变成双向箭头形状 ，此时可对裁切框的大小进行调整；当鼠标指针变成 形状，可对裁切框进行旋转；当鼠标指针移至裁切框内时，将变成三角形状 ▶，可按住鼠标左键移动裁切框。设置完成后，在裁切框内双击，即可确认对图像的裁切。

创建裁切框之后，还可在裁切工具属性栏中选中"透视"复选框，然后再按下鼠标左键在裁切框中的节点上拖动，可对裁切框进行各种透视变形，如图 1-31 所示。

1.5.6   常用的文件格式

Photoshop CS5 提供的图像文件格式有很多，下面将介绍几种常用的文件格式。

1. PSD 格式

PSD 格式是 Photoshop 的专用格式，可包括层、通道和颜色模式等信息，而且该格式是唯一支持全部色彩模式的图像格式。PSD 格式可以将编辑过的图像文件中的所有图层和通道的信息保存下来，且保存时无须压缩。因此，当图层较多时会占用很大的硬盘空间，保

图 1-31   透视变形裁切框

存速度也很慢。

2. TIFF 格式

TIFF 格式是一种应用很广泛的位图图像格式,包含非压缩方式和 LZW 压缩方式两种,几乎被所有绘画、图像编辑和页面排版应用程序所支持。TIFF 格式常常用于在应用程序和计算机平台之间交换文件,还支持带 Alpha 通道的 CMYK 格式的文件及 RGB 格式文件和灰度文件。

3. JPEG 格式

JPEG 格式是一种有损压缩格式。当将图像保存为 JPEG 格式时,会弹出"JPEG 选项"对话框,如图 1-32 所示。在其中可以指定图像的质量和压缩级别。Photoshop 设置了 12 个压缩级别,在"品质"文本框中输入数值可以改变保存图像的质量和压缩程度,当设置的参数为 12 时,图像的质量最佳,但压缩量最小。

图 1-32   "JPEG 选项"对话框

4. BMP 格式

BMP 格式是 DOS 和 Windows 兼容计算机系统的标准 Windows 图像格式。BMP 格式支持 RGB、索引色、灰度和位图色彩模式,但不支持 Alpha 通道。彩色图像存储为 BMP 格式时,每一个像素所占的位数可以是 1 位、4 位、8 位和 32 位,相对应的颜色数也从黑色一直到真彩色。对于使用 Windows 格式的 4 位和 8 位图像,可以指定采用 RLE 压缩。这种格式在 PC 机上的应用非常普遍。

1.6   辅助工具的使用

Photoshop 中常用的辅助工具有标尺、参考线、网格及度量工具等,这些工具可以帮助用户确定图像的位置或角度,使编辑图像更加精确、方便。

1.6.1 标尺

选择"视图"→"标尺"命令,或按 Ctrl＋R 组合键,都可在当前的图像文件上显示标尺,如图 1-33 所示,再次执行此命令则可以隐藏标尺。在默认设置下,标尺的原点位于图像的左上角,当鼠标指针在图像内移动时,用户可以清楚地看到鼠标指针所在位置的坐标值。在窗口中的标尺上右击,可在弹出的快捷菜单(见图 1-34)中设置需要的标尺单位。

标尺

图 1-33 显示标尺   图 1-34 快捷菜单

1.6.2 参考线

利用参考线可以帮助用户精确定位图像。在图像文件中显示标尺以后,用鼠标指针从水平的标尺上可拖曳出水平参考线,从垂直标尺上可拖曳出垂直参考线,如图 1-35 所示。

图 1-35 添加参考线

若要移动某条参考线,可单击工具箱中的"移动工具"按钮 ，将鼠标指针移动到相应的参考线上,当鼠标指针变为 形状时,拖曳鼠标即可,如图 1-36 所示,也可将其拖动到图像窗口外直接删除。

另外,还可以使用"新建参考线"命令来添加参考线,选择"视图"→"新建参考线"命令,

图 1-36　移动参考线的位置

弹出"新建参考线"对话框，如图 1-37 所示。在其中设置位置和方向以后，单击"确定"按钮，即可为图像添加一条参考线。

在此处可以设置参考线的方向，包括"水平"和"垂直"两个选项

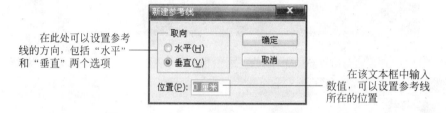

在该文本框中输入数值，可以设置参考线所在的位置

图 1-37　"新建参考线"对话框

提示： 在图像中添加参考线后，按 Ctrl＋H 组合键可显示或隐藏所添加的参考线。

1.6.3　网格

利用网格可以精确地对齐每一个图像，选择"视图"→"显示"→"网格"命令，或者按 Ctrl＋'组合键都可在当前的图像文件上显示网格，如图 1-38 所示，再次执行此命令就可以隐藏网格。

图 1-38　显示网格

选择"视图"→"对齐到"→"网格"命令,可以使移动的图形对象自动对齐网格或者在创建选区时自动沿网格位置进行定位选取。

1.6.4　标尺工具

利用标尺工具可以快速测量图像中任意区域两点间的距离,该工具一般配合"信息"面板或其属性栏来使用。单击工具箱中的"标尺工具"按钮 ,其属性栏如图 1-39 所示。

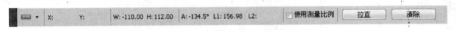

图 1-39　标尺工具属性栏

使用标尺工具在图像中需要测量的起点处单击,然后将鼠标指针移动到另一点处再单击形成一条直线,测量结果就会显示在"信息"面板中,如图 1-40 所示。

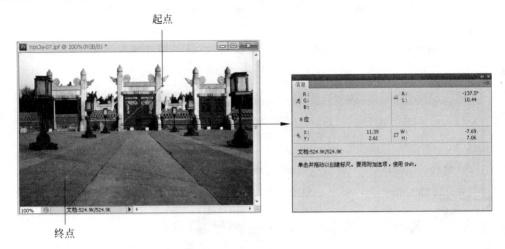

图 1-40　测量两点间的距离

1.7　任务实现

1.7.1　查看系统信息

在 Photoshop CS5 中,可以查看 Adobe Photoshop CS5 的版本、操作系统、处理器速度、Photoshop 可用的内存、Photoshop 占用的内存、图像高速缓存级别等信息,操作步骤如下。

（1）打开 Photoshop CS5 后,选择"帮助"→"系统信息"命令,如图 1-41 所示。

（2）接着弹出"系统信息"对话框,可在此查看系统的各种信息。单击"拷贝"按钮,可以将信息复制到其他文档中;单击"确定"按钮,即可完成查看系统信息的操作,如图 1-42 所示。

1.7.2　自定义菜单命令快捷键

使用快捷键可以快速选择需要的工具或执行菜单中的命令。Photoshop CS5 中,系统

图 1-41　"帮助"菜单

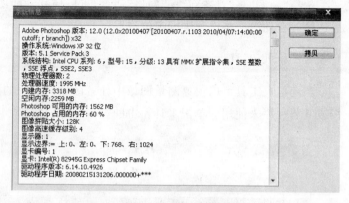

图 1-42　系统信息

提供了预设的快捷键,同时,Photoshop CS5 也支持自定义菜单命令快捷键。操作步骤如下。

（1）按 Alt＋Shift＋Ctrl＋K 组合键后,在弹出的"键盘快捷键和菜单"对话框中的"快捷键用于"下拉列表中选择"应用程序菜单"选项,如图 1-43 所示。

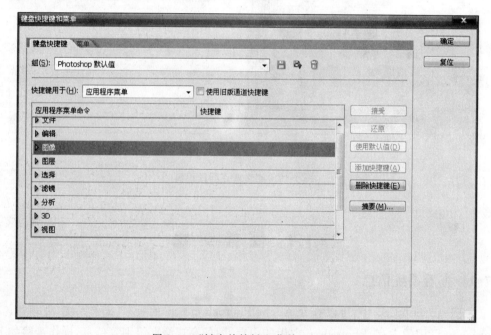

图 1-43　"键盘快捷键和菜单"对话框

（2）在"应用程序菜单命令"区域,单击"图像"扩展按钮,展开列表;在"RGB 颜色"选项的快捷键区域单击,在出现的文本框中输入需要设置的快捷键,如 Shift＋Ctrl＋Q 组合键,单击"接受"按钮,再单击"确定"按钮,如图 1-44 所示。

（3）通过以上方法即可完成自定义菜单命令快捷键的操作。图 1-45 所示为创建的"RGB 颜色"命令快捷键。

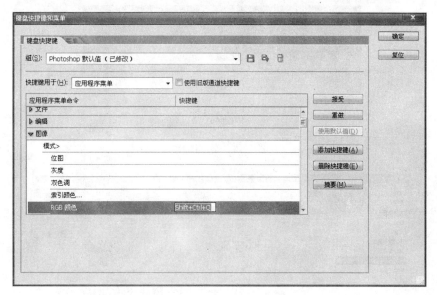

图 1-44　自定义快捷键

图 1-45　创建好的"RGB 颜色"命令快捷键

1.7.3　制作婚纱网站首页

利用所学的知识制作婚纱网站首页。操作步骤如下。

（1）单击"文件"→"打开"命令，打开一张婚纱图片，如图 1-46 所示。

（2）选择"编辑"→"首选项"→"参考线、网格、切片和计数"命令，在弹出的对话框中设置参数，如图 1-47 所示。

图 1-46　婚纱图片

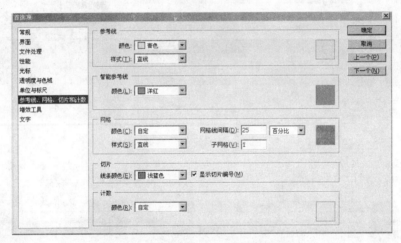

图 1-47　"首选项"对话框

（3）单击"确定"按钮，再选择"视图"→"显示"→"网格"命令，显示的网格如图 1-48 所示。

图 1-48　显示网格

（4）选择单行选框工具，在网格线上单击即可添加一条选框，如图 1-49 所示。

图 1-49　添加一条选框

（5）用同样的方法，运用单列选框工具和单行选框工具，按住 Shift 键，同时单击所有的网格线，建立图 1-50 所示的选框。

图 1-50　添加选框

（6）单击"设置前景色"色块，在弹出的对话框中设置颜色，如图 1-51 所示。

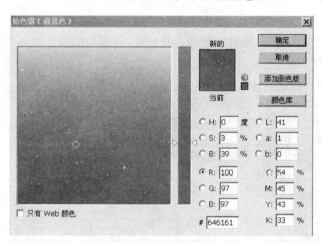

图 1-51　设置前景色

（7）单击"编辑"→"描边"命令，在弹出的对话框中设置参数，如图 1-52 所示。

（8）单击"确定"按钮，按 Ctrl＋D 组合键取消选择，得到的描边效果如图 1-53 所示。

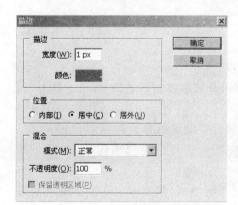

图 1-52　"描边"对话框　　　　　　　　　　图 1-53　描边效果

(9) 选择"视图"→"显示"→"网格"命令,取消网格的显示。

(10) 选择"文件"→"打开"命令,打开素材文件,如图 1-54 所示。

(11) 双击背景图层,将其转换为图层 0,如图 1-55 所示。

图 1-54　素材图像　　　　　　　　　　图 1-55　转换图层

(12) 选择移动工具,在图像窗口处单击并拖曳,将制作的图像添加至素材中,并调整好位置,效果如图 1-56 所示。

图 1-56　婚纱网站首页

1.7.4　汽车广告设计

利用所学的知识完成汽车广告的制作,操作步骤如下。

(1) 选择"文件"→"新建"命令,弹出"新建"对话框,设置参数如图 1-57 所示。单击"确定"按钮,新建一个图像文件。

(2) 单击工具箱中的"矩形选框工具"按钮 ,其属性栏设置如图 1-58 所示。

(3) 新建"图层 1",将其作为当前工作层,然后在图像文件中绘制出选区,如图 1-59所示。

(4) 将前景色设置为黑色,按 Alt+Delete 组合键进行填充,按 Ctrl+D 组合键取消选区,效果如图 1-60 所示。

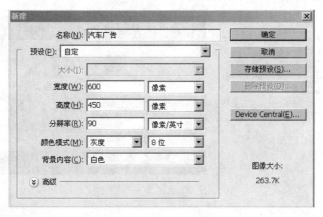

图 1-57　"新建"对话框

图 1-58　矩形选框工具属性栏

图 1-59　绘制的矩形选区

图 1-60　填充后的效果

（5）按 Ctrl＋O 组合键，打开一幅汽车图像文件，如图 1-61 所示。

图 1-61　打开的汽车图像

（6）单击工具箱中的"移动工具"按钮，将打开的汽车图像拖曳到新建的图像中，系统自动生成"图层 2"，如图 1-62 所示。

（7）将"图层 2"作为当前工作层，按 Ctrl＋T 组合键对汽车图像的位置及大小进行适当的调整，效果如图 1-63 所示。

（8）打开另外一幅汽车标志图像，如图 1-64 所示。

图 1-62　移动图像至当前图层

图 1-63　调整后的图像

图 1-64　打开的汽车标志图像

（9）利用工具箱中的矩形选框工具将其选中，然后利用移动工具将其拖曳到图 1-65 所示的图像中，自动生成"图层 3"，效果如图 1-65 所示。

图 1-65　移动图像到当前图层

（10）将"图层 3"作为当前工作层，按下 Ctrl＋T 组合键对汽车图像的位置及大小进行适当的调整，效果如图 1-66 所示。

图 1-66　调整后的效果

(11) 将"图层 3"拖曳到图层面板底部的"创建新图层"按钮上进行复制,系统将其命名为"图层 3 副本"。然后利用移动工具将其移动到适当的位置,如图 1-67 所示。

图 1-67　复制图像

(12) 用相同的方法,复制多个标志,适当调整其位置,效果如图 1-68 所示。

图 1-68　复制多个标志并调整位置

（13）将复制的所有标志所在的图层进行合并，并将其命名为"图层 3"，"图层"面板如图 1-69 所示。

（14）再次复制"图层 3"生成"图层 3 副本"，然后将其移动到图 1-70 所示的位置。

图 1-69　"图层"面板　　　　　　　　　图 1-70　复制并调整图像的位置

（15）此时"图层"面板如图 1-71 所示。

（16）按 Ctrl＋R 组合键显示参考线，移出 7 条垂直参考线，如图 1-72 所示。

图 1-71　"图层"面板　　　　　　　　　图 1-72　显示参考线并调整其位置

（17）单击"单列选框"按钮，同时按住 Shift 键，选取垂直参考线，效果如图 1-73 所示。

（18）设置前景色（R：0，G：207，B：247），按 Alt＋Delete 组合键进行填充，按 Ctrl＋D 组合键取消选区，如图 1-74 所示。

（19）按 Ctrl＋R 组合键隐藏参考线，按 Ctrl＋H 组合键隐藏额外内容，最终效果如图 1-75 所示。

图 1-73　选取参考线

图 1-74　填充选区颜色

图 1-75　最终效果

小　结

　　本章主要讲解了矢量图、位图、分辨率、Photoshop CS5 的操作界面、图像文件的操作及图像尺寸的设置等内容。通过本章的学习,用户应该对 Photoshop CS5 有一个大体的了解,并掌握常用文件格式、文件管理、分辨率及图像尺寸。

习　题

　　1. 打开一幅图像文件,显示标尺和网格,如图 1-76 所示。

原图　　　　　　　　　　　　　效果图

图 1-76　习题 1

　　2. 创造网络图像,如图 1-77 所示。

原图　　　　　　　　　　　　效果图

图 1-77　习题 2

要求:
(1) 为图像添加网格。
(2) 绘制黑色圆角矩形。
(3) 更改图层模式为"柔光"。

第 2 章

创建和编辑选区

选区在图像编辑过程中扮演着非常重要的角色,可以限制图像编辑的范围。灵活并且巧妙地应用选区,能得到许多精美绝伦的效果。因此,很多 Photoshop 高手将 Photoshop 的精髓归结为"选择的艺术"。

学习要点

- 创建选区工具
- 其他创建选区的方法
- 修改选区
- 编辑选区
- 选区内图像的编辑

学习任务

任务一　创建书签
任务二　制作个性写真照
任务三　趣味图像的合成

2.1　创建选区工具

选区是通过各种绘制工具在图像中提取的全部或部分图像区域,其显示在图像中呈流动的蚂蚁爬行状。由于图像是由像素构成的,所以选区也是由像素组成的。像素是构成图像的基本单位,不能再分,故选区至少包含一个像素。选区在图像处理时起着保护选区外图像的作用,约束各种操作只对选区内的图像有效,防止选区外的图像受到影响。

Photoshop CS5 提供了多种创建选区的方法,选框工具是 Photoshop 中最基本、最常用的创建选区工具,利用它可以在图像中直接创建选区。创建选区工具包括选框工具、套索工具和魔棒工具。

2.1.1　选框工具组

利用选框工具组可以在图像中创建出规则形状的选区。它包括矩形选框工具、椭圆选框工具、单行选框工具和单列选框工具4 种,如图 2-1 所示。

图 2-1　选框工具组

1. 矩形选框工具

利用矩形选框工具可以在图像中创建规则的长方形或正方形选区,其具体的操作步骤如下。

(1) 单击工具箱中的"矩形选框工具"按钮 ，其属性栏设置如图 2-2 所示。

图 2-2 矩形选框工具属性栏

(2) 利用 按钮组可在原有选区的基础上添加选区、减掉选区或使选区相交;在"羽化"文本框中可设置创建选区时边缘的柔化程度;在"样式"下拉列表中可选择限制创建选区的比例或尺寸,包括"正常"、"固定长宽比"、"固定大小"3 个选项。

(3) 设置完成后,在图像中拖曳出一个矩形选框,然后松开鼠标按键,即可创建一个矩形选区,如图 2-3 所示。

2. 椭圆选框工具

利用椭圆选框工具可在图像中创建规则形状的椭圆选区或正圆选区,具体操作步骤如下。

图 2-3 创建的矩形选区

(1) 单击工具箱中的"椭圆选框工具"按钮 ，其属性栏设置如图 2-4 所示。

图 2-4 椭圆选框工具属性栏

(2) 选中"消除锯齿"复选框,创建选区时可在边缘和背景色之间填充过渡色,使边缘看起来较为柔和,以达到消除锯齿的目的。

(3) 设置完成后,在图像中拖曳出一个椭圆选框,然后松开鼠标按键,即可创建一个椭圆选区,如图 2-5 所示。

技巧:在创建选区时,用户可以结合一些其他的按键来达到某些特定的效果,具体方法如下:

(1) 在创建选区时,按住 Shift 键可以在图像中创建正方形或正圆形选区。

(2) 在创建选区时,按住 Alt 键可以按指定的中心创建选区。

3. 单行选框工具

单行选框工具可在图像中创建高度为 1 像素的单行选区,其具体的操作步骤如下。

图 2-5 创建的椭圆选区

(1) 单击工具箱中的"单行选框工具"按钮 ，其属性栏设置如图 2-6 所示。

图 2-6 单行选框工具属性栏

（2）设置完成后，在图像中单击，此时在图像要选择的区域中就会出现一条横向的直线，该条直线即为创建的单行选区，如图 2-7 所示。

4.单列选框工具

利用单列选框工具可以创建宽度为 1 像素的单列选区，其具体的操作步骤如下。

（1）单击工具箱中的"单列选框工具"按钮，其属性栏设置如图 2-8 所示。

（2）设置完成后，在图像中单击，此时在图像要选择的区域中就会出现一条纵向的直线，该条直线即为创建的单列选区，如图 2-9 所示。

图 2-7　创建的单行选区

图 2-8　单列选框工具属性栏

图 2-9　创建的单列选区

图 2-10　套索工具组

2.1.2　套索工具组

利用套索工具组可以在图像中创建不规则形状的选区。它包括套索工具、多边形套索工具和磁性套索工具 3 种，如图 2-10 所示。

1.套索工具

利用套索工具可在图像中创建任意形状的选区，其具体的操作步骤如下。

（1）单击工具箱中的"套索工具"按钮，其属性栏设置如图 2-11 所示。

图 2-11　套索工具属性栏

（2）设置完成后，在图像中拖曳定义选区，然后释放鼠标按键，系统会自动用直线将创建的选区连接成一个封闭的选区。图 2-12 所示为利用套索工具创建的选区。

2.多边形套索工具

利用多边形套索工具可在图像中创建多边形的选区，其具体的操作步骤如下。

（1）单击工具箱中的"多边形套索工具"按钮，其属性栏设置如图 2-13 所示。

图 2-12　利用套索工具创建的选区

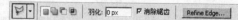

图 2-13　多边形套索工具属性栏

（2）设置完成后，在图像中单击确定起始点，移动鼠标指针到下一个转折点处，再单击，继续此操作，直到所有的选区范围都被选取后，回到起始点处，此时鼠标指针右下角会出现一个小圆圈，如图 2-14 所示，表示可以封闭选择区域，单击即可完成选择操作，效果如图 2-15 所示。如果选择没有回到起始点处，可以双击，系统将会自动将双击点与起始点闭合。

图 2-14　封闭选区前的效果

图 2-15　封闭选区后的效果

3．磁性套索工具

磁性套索工具是依据要选择的图像边界的像素点颜色来进行选择的，适用于对图像边界与背景颜色相差较大的图像创建选区，其具体的操作步骤如下。

（1）单击工具箱中的"磁性套索工具"按钮，其属性栏设置如图 2-16 所示。

图 2-16　磁性套索工具属性栏

（2）在文本框中可设置在创建选区时的探测宽度（探测从光标位置开始，到指定宽度以内的范围）；在"边对比度"文本框中可设置边缘的对比度；在"频率"文本框中可设置添加到路径中锚点的密度；选中按钮，可在创建选区时设置绘图板的画笔压力。

（3）设置完成后，在图像中单击确定起始点，松开鼠标按键沿着需要选取的图像边缘拖动鼠标，系统会自动在光标轨迹附近查找颜色对比度最大的地方建立选区线，当选取完成后，光标回到起始点处时，其右下角会出现一个小圆圈，此时单击即可封闭选择区域，如图 2-17 所示。

图 2-17　利用磁性套索工具创建的选区

2.2　其他创建选区的方法

除了前面介绍的创建选区的方法外,在 Photoshop CS5 中还可以使用魔棒工具、色彩范围命令以及全选命令来创建选区。

2.2.1　魔棒工具

利用魔棒工具可以根据一定的颜色范围来创建选区。单击工具箱中的"魔棒工具"按钮
，其属性栏如图 2-18 所示。

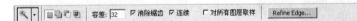

图 2-18　魔棒工具属性栏

在"容差"文本框中输入数值,可以设置选取的颜色范围,其取值范围为 1～255,数值越大,选取的颜色范围就越大,如图 2-19 所示。

(a) 容差值为10　　　　　　　　(b) 容差值为50

图 2-19　以不同容差值创建的选区

选中"对所有图层取样"复选框,可选取图像中所有图层中颜色相近的范围。反之,只在当前图层中选择。

选中"连续"复选框,在创建选区时,只在与鼠标单击相邻的范围内选择,否则将在整幅图像中选择,如图 2-20 所示。

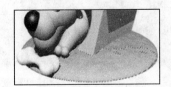

(a) 未选中 "连续" 复选框　　　　(b) 选中 "连续" 复选框

图 2-20　未选中与选中"连续"复选框所创建的选区

2.2.2　色彩范围命令

利用色彩范围命令可以从整幅图像中选取与某颜色相似的像素,而不只是选择与单击处颜色相近的区域。

下面通过一个例子介绍色彩范围命令的应用,具体的操作方法如下。

(1)按 Ctrl+O 组合键,打开一幅图像,选择"选择"→"色彩范围"命令,弹出"色彩范围"对话框,如图 2-21 所示。

在"选择"下拉列表中选择用来定义选取颜色范围的方式,如图 2-22 所示。其中,"红色"、"黄色"、"绿色"等选项用于在图像中指定选取某一颜色范围;"高光"、"中间调"和"阴影"这些选项用于选取图像中不同亮度的区域;"溢色"选项可以用于选择在印刷中无法表现的颜色。

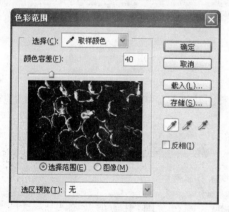

图 2-21　"色彩范围"对话框

图 2-22　"选择"下拉列表

在"颜色容差"文本框中输入数值,可以调整颜色的选取范围。数值越大,包含的相似颜色越多,选取范围也就越大。

单击 ![按钮],可以吸取所要选择的颜色;单击 ![按钮],可以增加颜色的选取范围;单击 ![按钮],可以减少颜色的选取范围。

选中"选择范围"单选按钮可以选择用于控制原图像在所创建的选区下的显示情况。

选中"反相"复选框可将选区与非选区互相调换。

(2)当用户在"色彩范围"对话框中设置好参数后,单击"确定"按钮,所有与用户设置相匹配的颜色区域都会被选取,效果如图 2-23 所示。

图 2-23　应用"色彩范围"对话框建立的选区

(3)如果要修改选区,可使用 ![按钮]或 ![按钮]单击图像,以便增加或减小选区。

2.2.3　全选命令

利用"全选"命令可以一次性将整幅图像全部选取，具体的操作方法如下。

打开一幅图像，选择"选择"→"全部"命令，或按 Ctrl＋A 组合键，即可将图像全部选取，如图 2-24 所示。

图 2-24　应用"全选"命令创建的选区

2.3　修改选区

修改选区的命令包括边界、平滑、扩展、收缩和羽化 5 个，它们都集中在"选择"→"修改"命令子菜单中，利用这些命令可以对已有的选区进行更加精确的调整，以得到满意的选区。

2.3.1　边界命令

应用"边界"命令后，以一个包围选区的边框来代替原选区，该命令用于修改选区的边缘。下面通过一个例子介绍边界命令的使用，具体的操作方法如下。

（1）打开一幅图像，并为其创建选区，效果如图 2-25 所示。

（2）选择"选择"→"修改"→"边界"命令，弹出"边界选区"对话框，在"宽度"文本框中输入数值，设置选区边框的大小为 50，如图 2-26 所示。

（3）设置完成后，单击"确定"按钮，效果如图 2-27 所示。

图 2-25　打开图像并创建选区　　　图 2-26　"边界选区"对话框　　　图 2-27　选区扩边效果

2.3.2　平滑命令

平滑命令是通过在选区边缘增加或减少像素来改变边缘的粗糙程度，以达到一种平滑的选区效果。在图 2-25 所示的选区的基础上选择"选择"→"修改"→"平滑"命令，弹出"平滑选区"对话框,如图 2-28 所示,在"取样半径"文本框中输入数值,设置其平滑度为 60,效果如图 2-29 所示。

图 2-28 "平滑选区"对话框   图 2-29 选区的平滑效果

2.3.3 扩展命令

扩展命令是将当前选区按设定的数目向外扩充,扩充单位为像素。在图 2-25 所示的选区的基础上选择"选择"→"修改"→"扩展"命令,弹出"扩展选区"对话框,如图 2-30 所示,在"扩展量"文本框中输入数值,设置其扩展量为 50,效果如图 2-31 所示。

图 2-30 "扩展选区"对话框   图 2-31 选区的扩展效果

另外,选择"选择"菜单中的"扩大选取"和"选取相似"命令也可以扩展选区。选择"扩大选取"命令时,可以按颜色的相似程度(由魔棒工具属性栏中的容差值来决定相似程度)来扩展当前的选区;选择"选取相似"命令时,也是按颜色的相似程度来扩大选区,但是,这些扩展后的选区并不一定与原选区相邻。

2.3.4 收缩命令

收缩命令与扩展命令相反,收缩命令可以将当前选区按设定的像素数目向内收缩。在图 2-25 所示的选区的基础上选择"选择"→"修改"→"收缩"命令,弹出"收缩选区"对话框,如图 2-32 所示,在"收缩量"文本框中输入数值,设置其收缩量为 30,效果如图 2-33 所示。

2.3.5 羽化选区

利用羽化命令可以使图像选区的边缘产生模糊的效果。下面通过一个例子介绍羽化命令的使用方法,具体的操作步骤如下。

图 2-32　"收缩选区"对话框　　　　　　图 2-33　选区的收缩效果

（1）打开一幅图像，并在其中创建选区，如图 2-34 所示。

（2）选择"选择"→"羽化"命令，或按 Ctrl＋Alt＋D 组合键，弹出"羽化选区"对话框，如图 2-35 所示，在"羽化半径"文本框中输入数值，设置羽化的效果，数值越大，选区的边缘越平滑。

（3）设置完成后，单击"确定"按钮，即可羽化选区，效果如图 2-36 所示。

图 2-34　打开图像并创建选区　　　图 2-35　"羽化选区"对话框　　　图 2-36　选区羽化效果

2.4　编辑选区

利用编辑选区命令可以对已有选区进行各种编辑操作，如反向、移动、羽化、变换、填充、描边等，下面分别进行介绍。

2.4.1　反向选区

反向命令可以将当前图像中的选区和非选区相互转换，具体的操作方法如下。

打开一幅图像并创建选区，然后选择"选择"→"反向"命令，或按 Shift＋Ctrl＋I 组合键，系统会将已有选区进行反向，如图 2-37 所示。

2.4.2　移动选区

要移动选区，只需将鼠标指针移动到选区内，当鼠标指针变为 ▱ 形状时，拖动鼠标即可，如图 2-38 所示。

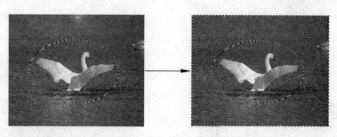

图 2-37　反向选择的效果

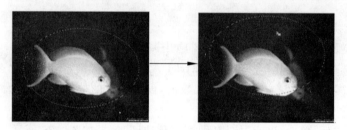

图 2-38　移动选区的效果

另外,还可以使用键盘上的方向键来移动选区,每次以 1 像素为单位移动选区。

技巧:按住 Shift 键再使用方向键,则每次以 10 像素为单位移动选区。

2.4.3　变换选区

变换选区命令可对已有选区做任意形状的变换,如放大、缩小、旋转等。下面通过一个例子介绍变换选区命令的使用方法,具体的操作步骤如下。

(1) 按 Ctrl+O 组合键,打开一幅图像并创建选区,如图 2-39 所示。

(2) 选择"选择"→"变换选区"命令,选区的边框上将会出现 8 个节点,将鼠标指针移至选区内拖动,可以将选区移到指定的位置,如图 2-40 所示。

图 2-39　打开图像并创建选区

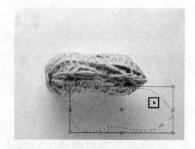

图 2-40　移动选区

(3) 将鼠标指针移至一个节点上,当鼠标指针变成 ↖ 形状时,拖动鼠标可以调整选区的大小,如图 2-41 所示。

(4) 将鼠标指针移至选区外的任意一角,当鼠标指针变成 ↰ 形状时,拖动鼠标可以旋转选区,效果如图 2-42 所示。

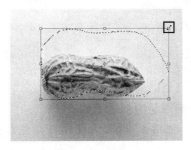

图 2-41　调整选区的大小

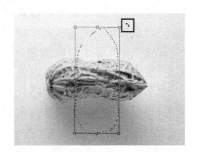

图 2-42　旋转选区

（5）右击变换框，可弹出图 2-43 所示的快捷菜单，在其中可以选择不同的命令对选区进行相应的变换。图 2-44 所示为使用斜切命令调整后的图像效果。

图 2-43　快捷菜单

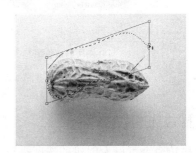

图 2-44　选区的斜切效果

（6）对选区变换完成后，按 Enter 键可确认变换操作，按 Esc 键可以取消变换操作。

2.4.4　填充选区

利用填充命令可以在创建的选区内部填充颜色或图案。下面通过一个例子介绍填充命令的使用方法，具体的操作步骤如下。

（1）按 Ctrl＋N 组合键，新建一个图像文件，然后单击工具箱中的"套索工具"按钮，在新建图像中创建一个椭圆选区，效果如图 2-45 所示。

（2）选择"编辑"→"填充"命令，弹出"填充"对话框，如图 2-46 所示。

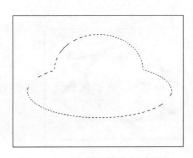

图 2-45　新建图像并创建选区

图 2-46　"填充"对话框

（3）在"使用"下拉列表中可以选择填充时所使用的对象。

（4）在"自定图案"下拉列表中可以选择需要的图案样式。该选项只有在"使用"下拉列表中选择"图案"选项后才能被激活。

（5）在"模式"下拉列表中可以选择填充时的混合模式。

（6）在"不透明度"文本框中输入数值，可以设置填充时的不透明程度。

（7）选中"保留透明区域"复选框，填充时将不影响图层中的透明区域。

（8）设置完成后，单击"确定"按钮即可填充选区，图 2-47 所示为使用前景色和图案填充选区的效果。

（a）使用前景色填充　　　　　　　　　（b）使用图案填充

图 2-47　填充选区效果

2.4.5　描边选区

利用描边命令可以为创建的选区进行描边处理。下面通过一个例子来介绍描边命令的使用方法，具体的操作步骤如下。

（1）以图 2-45 所示的选区为基础，选择"编辑"→"描边"命令，弹出"描边"对话框，如图 2-48（a）所示。

（2）在"宽度"文本框中输入数值，设置描边的边框宽度。

（3）单击"颜色"后的颜色框，可从弹出的"拾色器"对话框中选择合适的描边颜色。

（4）在"位置"选项区中可以选择描边的位置，从左到右分别为位于选区边框的内部、居中和居外。

（5）设置完成后，单击"确定"按钮，即可对创建的选区进行描边，效果如图 2-48（b）所示。

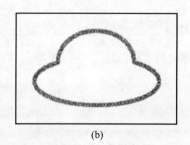

（a）　　　　　　　　　　　　　　　　（b）

图 2-48　描边选区

2.4.6　取消选区

在编辑过程中,当不需要一个选区时,可以将其取消,取消选区常用的方法有以下几种。

(1) 选择"选择"→"取消选择"命令取消选区。

(2) 按 Ctrl＋D 组合键,也可以取消选区。

(3) 若当前使用的是选取工具,在选区外任意位置单击即可取消选区。

(4) 右击图像中的任意位置,在弹出的快捷菜单中选择"取消选择"命令取消选区。

2.5　选区内图像的编辑

本节主要介绍选区内图像的编辑,包括对图像文件进行复制、粘贴、删除、羽化和变形等操作,以下将具体进行介绍。

2.5.1　复制与粘贴图像

利用"编辑"菜单中的"拷贝"和"粘贴"命令可对选区内的图像进行复制或粘贴,可通过按 Ctrl＋C 组合键复制图像,按 Ctrl＋V 组合键粘贴图像。具体的操作方法如下。

(1) 打开一幅图像,利用选取工具在需要复制的部分创建选区,如图 2-49 所示。

(2) 按 Ctrl＋C 组合键复制选区内的图像,按 Ctrl＋V 组合键对复制的图像进行粘贴,然后单击工具箱中的"移动工具"按钮，将粘贴的图像移动到目标位置,效果如图 2-50 所示。

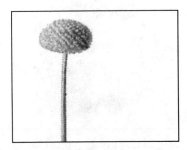

图 2-49　创建选区的效果　　　　　　图 2-50　粘贴后的图像

技巧:在图像中需要复制图像的部分创建选区,然后在按住 Alt 键的同时利用移动工具移动选区内的图像,也可复制并粘贴图像。

也可同时打开两幅图像,将其中一幅图像中的内容复制并粘贴到另外一幅图像中。

2.5.2　删除与羽化图像

在处理图像时,有时需要对部分图像进行删除,必须先对图像中需要删除的部分创建选区,再选择"选择"→"清除"命令,或按 Delete 键进行删除。如果图像中创建的选区不规则,其边缘就会出现锯齿,使图像显得生硬且不光滑,利用"选择"→"羽化"命令可使生硬的图像边缘变得柔和。

下面举例介绍删除和羽化图像的方法。

（1）打开一幅图像，单击工具箱中的"椭圆选框工具"按钮，在图像中需要删除的地方创建选区，如图 2-51 所示。

（2）选择"选择"→"羽化"命令，或按 Ctrl＋Alt＋D 组合键，都可弹出"羽化选区"对话框，设置参数如图 2-52 所示。

图 2-51　打开图像并创建选区　　　　　　图 2-52　"羽化选区"对话框

（3）设置完成后，单击"确定"按钮，然后按 Ctrl＋Shift＋I 组合键反选选区，效果如图 2-53 所示。

（4）选择"编辑"→"清除"命令，或按 Delete 键删除羽化后的选区内的图像，按 Ctrl＋D 组合键取消选区，效果如图 2-54 所示。

图 2-53　反选选区的效果　　　　　　　　图 2-54　删除并取消选区的效果

2.5.3　变形选区内的图像

在 Photoshop CS5 中新增了许多图像变形样式，可利用"编辑"菜单中的"自由变换"和"变换"两个命令来完成。

1. 自由变换命令

利用自由变换命令可对图像进行旋转、缩放、扭曲和拉伸等各种变形操作，具体的操作方法如下。

（1）打开一幅图像，单击工具箱中的"矩形选框工具"按钮，在图像中创建选区，效果如图 2-55 所示。

（2）选择"编辑"→"自由变换"命令，在图像周围会出现 8 个调节框，如图 2-56 所示。

图 2-55　打开图像并创建选区

图 2-56　应用自由变换命令

（3）将鼠标指针置于矩形框周围的节点上单击并拖动，即可将选区内图像放大或缩小，图 2-57 所示为缩小选区内的图像效果。

（4）将鼠标指针置于矩形框周围节点以外，当指针变成 ↻ 形状时单击并移动鼠标可旋转图像，如图 2-58 所示。

图 2-57　缩小图像效果

图 2-58　旋转图像效果

另外，执行自由变换命令以后，在其属性栏中还增加了"变形图像"按钮 ▦，单击此按钮其属性栏中会多出 变形：｜自定 ▾｜下拉列表框，再单击右侧的三角形按钮 ▾，则可弹出变形图像下拉列表，如图 2-59 所示。

图 2-59　变形图像下拉列表

以下列举几种图像变形效果，如图 2-60 所示。

2．变换命令

利用变换命令可对图像进行斜切、扭曲、透视等操作，具体的操作方法如下。

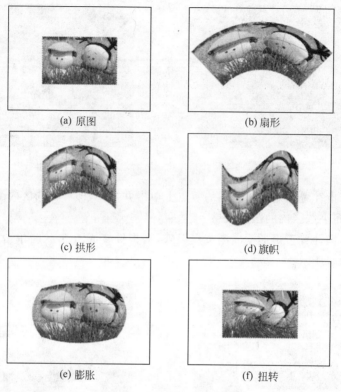

图 2-60　几种变形图像效果

以图 2-57 所示的图像选区为基础,选择"编辑"→"变换"→"斜切"命令,在图像周围会显示控制框,单击并调整控制框周围的节点,效果如图 2-61 所示。

利用"扭曲"和"透视"命令变形图像的方法和"斜切"命令相同,效果如图 2-62 和图 2-63所示。

图 2-61　斜切选区内图像的效果　　图 2-62　扭曲图像的效果　　图 2-63　透视图像的效果

2.6　任务实现

2.6.1　创建书签

利用所学的知识创建书签,操作步骤如下。

(1) 选择"文件"→"新建"命令,弹出"新建"对话框,设置参数如图 2-64 所示,单击"确定"按钮,新建一个图像文件。

(2) 单击工具箱中的"矩形选框工具"按钮 ,在图像中创建一个矩形选区,效果如图 2-65 所示。

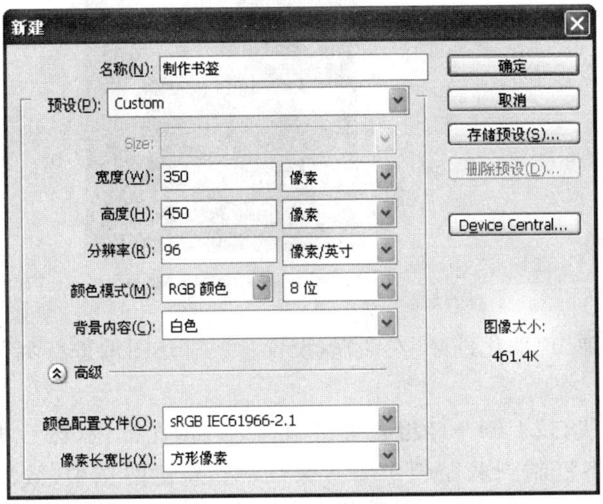

图 2-64　"新建"对话框

图 2-65　创建的矩形选区

(3) 单击工具箱中的"椭圆选框工具"按钮 ◯,其属性栏设置如图 2-66 所示。

图 2-66　椭圆选框工具属性栏

(4) 设置完成后,按住 Shift 键的同时单击,在图像中创建一个正圆选区,效果如图 2-67 所示。

(5) 单击工具箱中的"前景色色块" ,在弹出的"拾色器"对话框中将前景色设为绿色 (R:154,G:215,B:202),然后按 Alt+Delete 组合键进行填充,效果如图 2-68 所示。

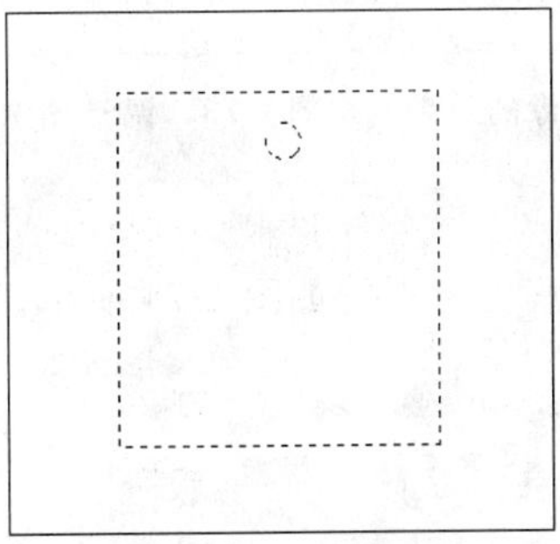

图 2-67　创建的正圆选区

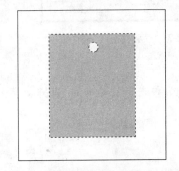

图 2-68　填充前景色

(6) 按 Ctrl+D 组合键取消选区,再按 Ctrl+O 组合键打开一幅花图像,单击工具箱中的"魔棒工具"按钮 ,在花图像的背景处单击以创建选区,效果如图 2-69 所示。

(7) 选择"选择"→"反向"命令,反选选区,将其中的花图像选取,效果如图 2-70 所示。

图 2-69　选取图像背景

图 2-70　反选选区的效果

（8）选择"选择"→"羽化"命令，弹出"羽化选区"对话框，设置参数对花图像进行羽化处理，如图 2-71 所示。

（9）设置完成后，单击"确定"按钮，按 Ctrl＋C 组合键复制选区内的花图像，然后再单击新建图像，再按 Ctrl＋V 组合键将复制到剪贴板中的图像粘贴到新建图像中，效果如图 2-72 所示。

（10）选择"编辑"→"自由变换"命令，对复制的图像进行变换调整，效果如图 2-73 所示。

图 2-71　"羽化选区"对话框　　　图 2-72　复制并粘贴图像的效果　　　图 2-73　调整图像的效果

（11）单击工具箱中的"直排文字工具"按钮 T ，其属性栏设置如图 2-74 所示。

图 2-74　直排文字工具属性栏

（12）设置完成后，在图像中单击并输入红色文字"友谊天长地久"，其最终效果如图 2-75 所示。

2.6.2　制作个性写真照

利用所学的知识制作个性写真照，操作步骤如下。

图 2-75　最终效果

图 2-76　素材图片

（1）选择"文件"→"打开"命令，打开一张素材文件，如图 2-76 所示。

（2）在背景图层上双击，弹出"新图层"对话框，单击"确定"按钮，将背景图层转换为"图层 0"，如图 2-77 所示。

（3）在"图层 0"上单击并将之拖至"创建新图层"按钮 🔲 后释放鼠标按键，得到"图层 0 副本"图层，如图 2-78 所示。

图 2-77　转换为"图层 0"

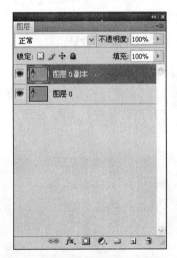

图 2-78　复制图层

（4）选择套索工具 ，在图像中选取人物，按住鼠标左键拖曳，绘制一个选框，如图 2-79 所示。

（5）选择移动工具，在图像中按住鼠标左键拖曳，移动选区，效果如图 2-80 所示。

（6）按下 Ctrl＋T 组合键，同时按住 Shift 键，拖动图片至适当大小，并移动其位置，如图 2-81 所示。

（7）按 Enter 键应用图像变换，按下 Ctrl＋D 组合键，取消选择，完成的效果如图 2-82 所示。

图 2-79 绘制选框

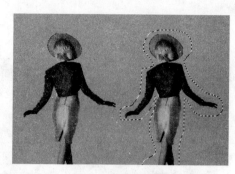

图 2-80 移动选区

图 2-81 变换图像

图 2-82 个性写真照片效果

2.6.3 趣味图像的合成

利用所学的知识制作个性写真照,操作步骤如下。

(1) 选择"文件"→"打开"命令,打开一张素材文件,如图 2-83 所示。

(2) 选择磁性套索工具 ,在图片上单击并拖曳。在蝴蝶图像的四周建立选区,如图 2-84 所示。

图 2-83 素材图片

图 2-84 建立选区

(3) 选择放大镜工具 ,在图上单击,放大图像,如图 2-85 所示。

(4) 选择磁性套索工具,同时按住 Shift 键,将未选中的细节部分添加至选区中,如图 2-86 所示。

(5) 使用上述方法将蝴蝶图形全部选中,最终效果如图 2-87 所示。

(6) 选择"文件"→"打开"命令,打开另一张素材图像,如图 2-88 所示。

图 2-85　放大图像

图 2-86　添加至选区

图 2-87　全部选中

图 2-88　另一张素材

（7）将蝴蝶拖至人物素材中，如图 2-89 所示。

（8）按 Ctrl＋T 组合键，同时按住 Shift 键拖动图片至合适大小，并移动其位置，如图 2-90 所示。

（9）按住 Ctrl 键，同时单击"图层"面板的"图层 1"，选择蝴蝶，如图 2-91 所示。

图 2-89　添加素材

图 2-90　移动位置

图 2-91　选择蝴蝶

（10）选择"选择"→"修改"→"羽化"命令，在弹出的"羽化选区"对话框中设置参数，如图 2-92 所示。

（11）单击工具箱中的"设置前景色"色块，在弹出的"拾色器（前景色）"对话框中设置颜色，再单击"确定"按钮，如图 2-93 所示。

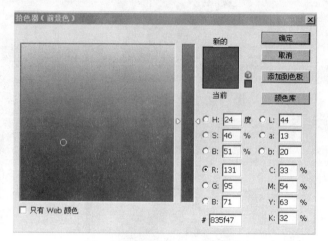

图 2-92 "羽化选区"对话框　　图 2-93 "拾色器（前景色）"对话框

（12）单击"图层"面板中的"创建一个新图层"按钮，新建一个图层，按 Alt＋Delete 组合键填充颜色，效果如图 2-94 所示。

（13）在"图层"面板中，按住阴影图层并拖曳，将其放置在蝴蝶图层的下方，调整至合适的位置。最终效果如图 2-95 所示。

图 2-94 填充颜色　　图 2-95 趣味图像合成效果

小　结

本章重点介绍了如何创建选区及如何编辑选区和选区内的图像。通过学习，用户应该掌握各种选区工具的使用方法和使用技巧，能够熟练使用这些工具创建不同的选区，并且对所创建的选区能进行更加精确的修改和编辑操作。

习　题

1. 打开一幅图像,练习使用魔棒工具将图像中的背景选取,并对创建的选区进行羽化(羽化半径为 10 像素),然后利用填充命令为其填充木质图案,效果如图 2-96 所示。

原图　　　　　　　　　　　　　　效果图

图 2-96　习题 1

提示:在填充选区时,将"填充"对话框中的"使用"选项设置为"图案","自定图案"选项设置为"木质"图案,其他的参数为默认设置。

2. 为人物更改背景,如图 2-97 所示。

效果图

原图

图 2-97　习题 2

要求:

(1) 使用磁性套索工具选择人物。

(2) 复制图像并删除多余图像。

(3) 添加背景素材,并调整背景素材的位置及大小。

(4) 将背景素材放置在人物图层的下方。

第 3 章

描绘和修饰图像

Photoshop CS5 提供了丰富多样的绘图工具和修图工具,具有强大的绘图和修图功能,使用这些绘图工具,再配合"画笔"面板、混合模式、图层等功能,可以制作出传统绘画技巧难以达到的效果。

学习要点

- 获取所需的颜色
- 图像的描绘
- 图像的填充
- 图像的擦除
- 图像的修饰

学习任务

任务一　制作光盘正面

任务二　制作光盘背面

3.1　获取所需的颜色

由于 Photoshop 中的大部分操作都和颜色有关,因此,在学习后面内容之前应首先学习 Photoshop 中颜色的设置方法,下面将具体进行介绍。

3.1.1　前景色与背景色

在工具箱中前景色按钮显示在上面,背景色按钮显示在下面,如图 3-1 所示。

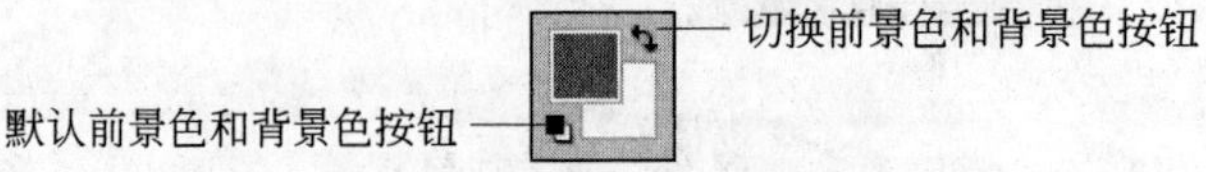

切换前景色和背景色按钮

默认前景色和背景色按钮

图 3-1　前景色和背景色按钮

在默认的情况下,前景色为黑色,背景色为白色。如果在使用过程中要切换前景色和背景色,则可在工具箱中单击"切换颜色"按钮 ⤢,或按 X 键。若要返回默认的前景色和背景色设置,则可在工具箱中单击"默认颜色"按钮 ▣,或按 D 键。

若要更改前景色或背景色,可单击工具箱中的"设置前景色"或"设置背景色"按钮,弹出

"拾色器(前景色)"对话框,如图 3-2 所示。

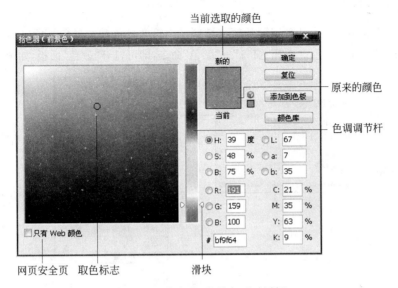

图 3-2   "拾色器(前景色)"对话框

提示:在色域图中,左上角为纯白色(R、G、B 值分别为 255、255、255),右下角为纯黑色(R、G、B 值分别为 0、0、0)。

另外,单击其对话框中的"颜色库"按钮,可弹出"颜色库"对话框,如图 3-3 所示。

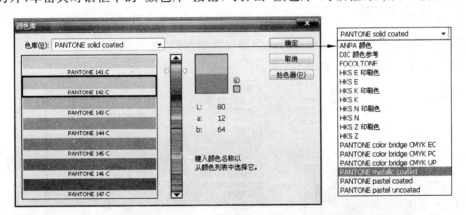

图 3-3   "颜色库"对话框

在"颜色库"对话框中,单击"色库"右侧的 ⌄ 按钮,可弹出"色库"下拉列表,在其中共有 17 种颜色库,这些颜色库是全球范围内不同公司或组织制定的色样标准。由于不同印刷公司的颜色体系不同,可以在"色库"下拉列表中选择一个颜色系统,然后输入油墨数或沿色调调节杆拖动三角滑块,找出想要的颜色。每选择一种颜色序号,该序号相对应的 CMYK 的各分量的百分数也会相应地发生变化。如果单击色调调节杆上端或下端的三角滑块,则每单击一次,三角滑块会向前或向后移动选择一种颜色。

CMYK 代表印刷中常用的 4 种颜色,C 代表青色,M 代表洋红色,Y 代表黄色,K 代表黑色。

3.1.2 "颜色"面板

在"颜色"面板中可通过几种不同的颜色模型来编辑前景色和背景色,也可从颜色栏显示的色谱中选取前景色和背景色。选择"窗口"→"颜色"命令,即可打开"颜色"面板,如图3-4所示。

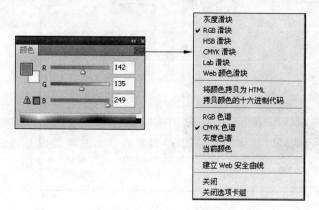

图 3-4 "颜色"面板

若要使用"颜色"面板设置前景色或背景色,首先在该面板中选择要编辑颜色的前景色或背景色色块,然后再拖动颜色滑块或在其右边的文本框中输入数值即可,也可直接从面板中最下面的颜色栏中选取颜色。

3.1.3 "色板"面板

在 Photoshop CS5 中还提供了可以快速设置颜色的"色板"面板,选择"窗口"→"色板"命令,即可打开"色板"面板,如图 3-5 所示。

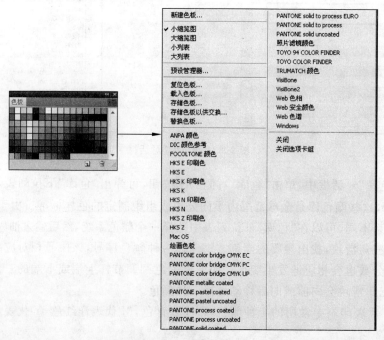

图 3-5 "色板"面板

在该面板中选择某一个预设的颜色块,即可快速地改变前景色与背景色,也可以将设置的前景色与背景色添加到"色板"面板中或删除此面板中的颜色。还可在"色板"面板中单击 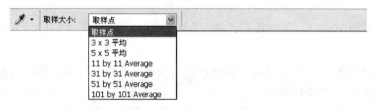 按钮,在弹出的下拉列表中选择一种预设的颜色样式添加到色板中作为当前色板,供用户参考使用。

技巧:按住 Ctrl 键的同时在色板中单击,可以将选择的颜色设置为背景色。

3.1.4 吸管工具

使用吸管工具不仅能从打开的图像中取样颜色,也可以指定新的前景色或背景色。单击工具箱中的"吸管工具"按钮 🖊,然后在需要的颜色上单击即可将该颜色设置为新前景色。如果在单击颜色的同时按住 Alt 键,则可以将选中的颜色设置为新背景色。吸管工具的属性栏如图 3-6 所示。

图 3-6　吸管工具属性栏

在"取样大小"下拉列表中可以选择吸取颜色时的取样大小。选择"取样点"选项时,可以读取所选区域的像素值;选择"3×3 平均"或"5×5 平均"选项时,可以读取所选区域内指定像素的平均值。修改吸管的取样大小会影响"信息"面板中显示的颜色数值。

在吸管工具的下方是颜色取样工具 🖊,利用该工具可以吸取到图像中任意一点的颜色,并以数字的形式在"信息"面板中表示出来。图 3-7(a)为未取样时的"信息"面板,图 3-7(b)为取样后的"信息"面板。

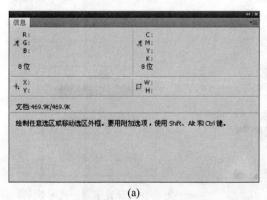

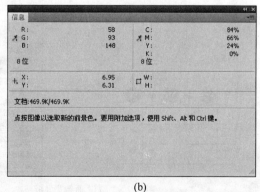

(a)　　　　　　　　　　　　(b)

图 3-7　取样前后的"信息"面板

3.2 图像的描绘

描绘工具是使用前景色描绘图像的,因此,在描绘前应该先设置好前景色,然后再使用描绘工具对图像进行描绘处理。本节具体介绍几种描绘工具的使用方法。

3.2.1 画笔工具

利用画笔工具可使图像产生用画笔绘制的效果。单击工具箱中的"画笔工具"按钮 ,其属性栏如图 3-8 所示。

图 3-8 画笔工具属性栏

单击 右侧的 按钮,可以在打开的"预设画笔"面板(见图 3-9)中设置画笔的类型及大小。

在"模式"下拉列表中可以选择绘图时的混合模式,在其中选择不同的选项可以使画笔工具画出的线条产生特殊的效果。

在"不透明度"文本框中输入数值可设置绘制图形的不透明程度,效果如图 3-10 所示。

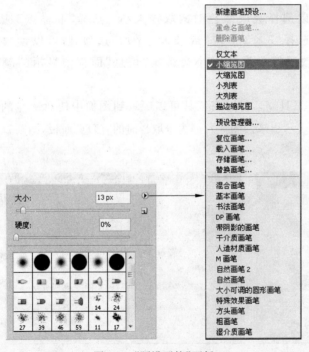

图 3-9 "预设画笔"面板

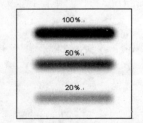

图 3-10 设置不同的透明效果

在"流量"文本框中输入数值可设置画笔工具绘制图形时的颜色深浅程度,数值越大,画出的图形颜色越深。

单击 ⚡ 按钮,在绘制图形时,可以启动喷枪功能。

单击 ▤ 按钮,可打开"画笔"面板,如图 3-11 所示,在此面板中可以更加灵活地设置笔触的大小、形状及各种特殊效果。

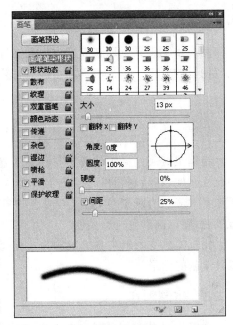

(1) 选中"画笔笔尖形状"选项,可以设置笔触的形状、大小、硬度及间距等参数。

(2) 选中"形状动态"复选框,可以设置笔尖形状的抖动大小和抖动方向等参数。

(3) 选中"散布"复选框,可以设置以笔触的中心为轴向两边散布的数量和数量抖动的大小。

(4) 选中"纹理"复选框,可以设置画笔的纹理,在画布上用画笔工具绘图时,会出现一个该图案的轮廓。

(5) 选中"双重画笔"复选框,可使用两个笔尖创建画笔笔迹,还可以设置画笔形状、直径、数量和间距等参数。

图 3-11　"画笔"面板

(6) 选中"颜色动态"复选框,可以随机地产生各种颜色,并且可以设置饱和度等各种抖动幅度。

(7) "杂色"、"湿边"、"喷枪"、"平滑"、"保护纹理"等复选框也可以用来设置画笔属性,但没有参数设置选项,只要选中复选框即可。

在"画笔工具"属性栏中设置好选项后,在图像中来回拖动鼠标可进行绘画,若要绘制直线,可在图像中单击确定起点,然后按住 Shift 键并拖动鼠标即可。若在绘制时将画笔工具用作喷枪,则按住鼠标左键(不拖动)可增大颜色量。图 3-12 所示为在"画笔"面板中选择"画笔笔尖形状"选项,并设置适当的参数后绘制的图形。

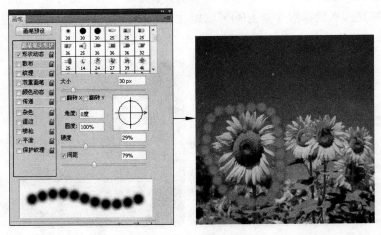

图 3-12　设置画笔绘制图形

3.2.2 铅笔工具

利用铅笔工具可以在图像中绘制边缘较硬的线条及图像，并且绘制出的形状边缘会有比较明显的锯齿。单击工具箱中的"铅笔工具"按钮 ✐，其属性栏如图 3-13 所示。

图 3-13 铅笔工具属性栏

铅笔工具属性栏中的选项与画笔工具的基本相同，唯一不同的是"自动抹除"复选框，选中此复选框，在绘制图形时铅笔工具会自动判断绘画的初始点。如果像素点颜色为前景色，则以背景色进行绘制，如果像素点颜色是背景色，则以前景色进行绘制。

铅笔工具与画笔工具的绘制方法相同，图 3-14 所示为使用铅笔工具绘制的图形。

图 3-14 使用铅笔工具
绘制的图形

3.2.3 仿制图章工具

利用仿制图章工具可将图像中颜色相似的某一部分图像复制到需要修补的区域。单击工具箱中的"仿制图章工具"按钮 ♣，其属性栏如图 3-15 所示。

选中"对齐"复选框，表示在图像中再次使用仿制图章工具时，所复制的图像与上次复制的图像相同。

图 3-15 仿制图章工具属性栏

在 Sample 下拉列表中可以选择仿制图章工具在图像中取样时将应用于所有图层。

打开一幅图像，选择工具箱中的仿制图章工具 ♣，按住 Alt 键将鼠标指针移至图像中需要复制(取样)处，当鼠标指针变为 ⊕ 形状时在图像中单击进行取样，再将鼠标指针移至图像中需要修补的位置单击并拖动，即可复制取样处的图像，如图 3-16 所示。

图 3-16 使用仿制图章工具复制图像的效果

3.2.4　图案图章工具

图案图章工具是用图像的一部分或预置图案进行绘画。单击工具箱中的"图案图章工具"按钮，其属性栏如图 3-17 所示。

图 3-17　图案图章工具属性栏

单击右侧的按钮，可在打开的预设图案面板中选择预设的图案样式，单击其中的任意一个图案，然后在图像中拖动鼠标即可复制图案。

选中"印象派效果"复选框，可使复制的图像效果类似于印象派艺术画效果。

用户可在预设图案中选择一种预设的图案样式，然后在图像中拖动鼠标填充所选的图案，也可自定义图案对图像进行填充。下面通过一个例子来介绍图案图章工具的使用方法，具体操作步骤如下。

（1）打开一幅图像，然后在图像中需要定义图案处创建选区，如图 3-18 所示。

图 3-18　在图像中创建选区

（2）选择"编辑"→"定义图案"命令，弹出"图案名称"对话框，如图 3-19 所示。

（3）在"名称"文本框中输入定义图案的名称，然后单击"确定"按钮，所定义的图案将被添加到属性栏中的预设图案面板中，如图 3-20 所示。

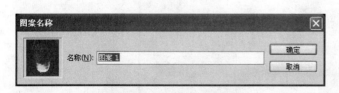

图 3-19　"图案名称"对话框

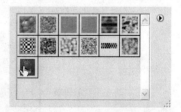

图 3-20　定义的图案

（4）选择新定义的图案，然后在图像或选区中拖动鼠标填充所定义的图案，按 Ctrl＋D 组合键取消选区，如图 3-21 所示。

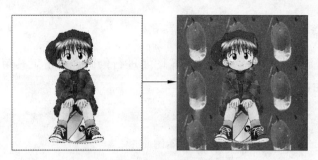

图 3-21　使用图案图章工具为图像填充图案

<h2>3.3　图像的填充</h2>

图像的填充工具包括渐变工具和油漆桶工具两种，灵活使用这两种工具可以给图像填充各种不同的颜色效果。下面具体进行介绍。

3.3.1　渐变工具

利用渐变填充工具可以给图像或选区填充渐变颜色，单击工具箱中的"渐变工具"按钮，其属性栏如图 3-22 所示。

图 3-22　渐变工具属性栏

单击右侧的按钮，可在打开的渐变样式面板中选择需要的渐变样式。

单击按钮，可以弹出"渐变编辑器"对话框，如图 3-23 所示，在其中可以编辑、修改或创建新的渐变样式。

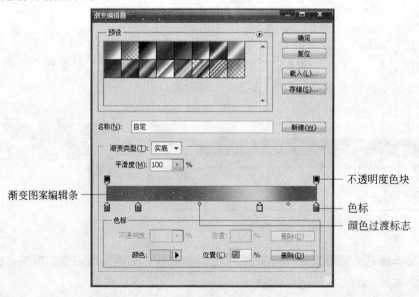

图 3-23　"渐变编辑器"对话框

在 ▮▯▮▱▰▱ 按钮组中,可以选择渐变的方式,从左至右分别为线性渐变、径向渐变、角度渐变、对称渐变及菱形渐变,其效果如图 3-24 所示。

图 3-24 5 种渐变效果

选中"反向"复选框,可产生与原来渐变相反的渐变效果。

选中"仿色"复选框,可以在渐变过程中产生色彩抖动效果,使两种颜色之间的像素混合,使色彩过渡得平滑一些。

选中"透明区域"复选框,可以设置渐变效果的透明度。

在画笔工具属性栏中设置好各选项后,在图像中或图像选区中需要填充渐变的地方单击并向一定的方向拖动,可画出一条两端带 + 图标的直线,此时释放鼠标按键,即可显示渐变效果,如图 3-25 所示。

图 3-25 渐变填充效果

技巧：若在拖动鼠标的过程中按住 Shift 键，则可按 45°、水平或垂直方向进行渐变填充。拖动鼠标的距离越大，渐变效果越明显。

3.3.2 油漆桶工具

利用油漆桶工具可以给图像或选区填充颜色或图案，单击工具箱中的"油漆桶工具"按钮 ，其属性栏如图 3-26 所示。

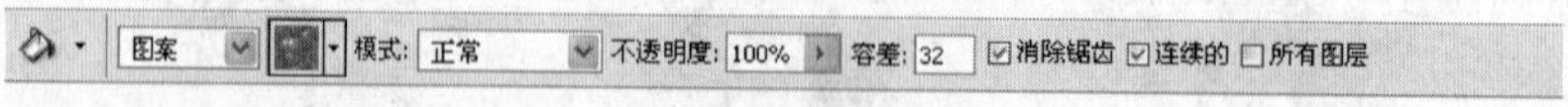

图 3-26 油漆桶工具属性栏

单击 图案 右侧的 按钮，在弹出的下拉列表中可以选择填充的方式，选择"前景"选项，在图像中相应的范围内填充前景色，如图 3-27 所示；选择"图案"选项，在图像中相应的范围内填充图案，如图 3-28 所示。

图 3-27 前景色填充效果

图 3-28 图案填充效果

在"不透明度"文本框中输入数值，可以设置填充内容的不透明度。

在"容差"文本框中输入数值，可以设置在图像中的填充范围。

选中"消除锯齿"复选框，可以使填充内容的边缘不产生锯齿效果，该选项在当前图像中有选区时才能使用。

选中"连续的"复选框后，只在与鼠标落点处颜色相同或相近的图像区域中进行填充，否则，将在图像中所有与鼠标落点处颜色相同或相近的图像区域中进行填充。

选中"所有图层"复选框，在填充图像时，系统会根据所有图层的显示效果将结果填充在当前层中，否则，只根据当前层的显示效果将结果填充在当前层中。

3.4 图像的擦除

图像的擦除工具包括橡皮擦工具、背景橡皮擦工具、魔术橡皮擦工具 3 种，如图 3-29 所示。使用这些橡皮擦工具都可对图像中的局部图像进行擦除，可在不同的情况下使用不同的橡皮擦工具。

3.4.1 橡皮擦工具

利用橡皮擦工具可以直接对图像及图像中的颜色进行擦除。如果在背景层上擦除图

图 3-29 擦除工具组

像,则被擦除的区域颜色变为背景色。单击工具箱中的"橡皮擦工具"按钮 ,其属性栏如图 3-30 所示。

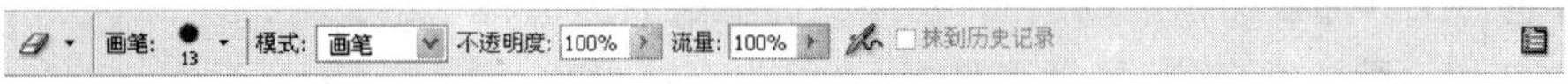

图 3-30　橡皮擦工具属性栏

在"模式"下拉列表中可以选择橡皮擦擦除的笔触模式,包括画笔、铅笔和块 3 种。

选中"抹到历史记录"复选框,可将擦除的图像恢复到未擦除前的状态。

单击 按钮,可在打开的画笔面板中设置笔触的不透明度、渐隐和湿边等参数。

在属性栏中设置好各选项后,将鼠标指针移至要擦除的位置,按下鼠标左键来回拖动即可擦除图像。如图 3-31 所示为擦除背景图层的图像效果。

图 3-31　利用橡皮擦工具擦除图像

3.4.2　背景橡皮擦工具

利用背景橡皮擦工具对图像中的背景层或普通图层进行擦除,可将背景层或普通图层擦除为透明图层。单击工具箱中的"背景橡皮擦工具"按钮 ,其属性栏如图 3-32 所示。

图 3-32　背景橡皮擦工具属性栏

在 按钮组中,可以选择颜色取样的模式,从左至右分别是连续、一次、背景色板 3 种模式。

在"限制"下拉列表中可以选择背景橡皮擦工具擦除的图像范围。

在"容差"文本框中输入数值,可以设置在图像中要擦除颜色的精度。数值越大,可擦除颜色的范围就越大;数值越小,可擦除颜色的范围就越小。

选中"保护前景色"复选框,在擦除时图像中与前景色相匹配的区域将不被擦除。

对颜色取样模式说明如下。

连续:擦除过程中自动选择的颜色为标本色,此选项用于抹去不同颜色的相邻范围。

一次:擦除时首先要在要擦除的颜色上单击来选定标本色,这时标本色已固定,然后可以在图像上擦除与标本色相同的颜色范围,而且每次单击固定标本色只能做一次连续的擦除。如果想继续擦除,必须单击固定标本色。

背景色板:也就是擦除前选定好背景色,即选定好标本色,然后就可以擦除与背景色颜色相同的色彩范围。

模式：此选项用来选择混合模式。首先了解 3 种色彩的概念,基本色为图像原有的色彩,混合色为工具加在图像上的色彩,结果色为混合后的最终色彩。

(1) 正常：默认的模式,处理图像时,直接生成结果色。

(2) 溶解：在处理时直接生成结果色,但在处理过程中,将基本色和混合色随机溶解开。

(3) 背景：只能在图层的透明层上编辑,效果是画在透明层后面的层上。

(4) 清除：去掉颜色。

(5) 变暗：将基本色和混合色中较暗的部分作为结果色。

(6) 正片叠底：基本色和混合色相加。

(7) 颜色加深：基本色加深后去反射混合色。

(8) 线性加深：颜色按照线形逐渐加深。

(9) 深色：颜色按照相应通道加深。

(10) 变亮：将基本色和混合色中较亮的部分作为结果色。

(11) 滤色：基本色和混合色相加后取其负项,所以颜色会变浅。

(12) 颜色减淡：基本色加亮后去反射减淡。

(13) 线性减淡：颜色按照线形逐渐减淡。

(14) 浅色：颜色按照相应通道减淡。

(15) 叠加：图像或是色彩加在像素上时,会保留其基本色的最亮处和阴影处。

(16) 柔光：其效果类似于图像上漫射聚光灯,当绘图颜色灰度小于 50％则会变暗,反则变亮。

(17) 强光：效果类似于在图像上投射聚光灯。

(18) 亮光：变亮的幅度比以下两种模式大。

(19) 线性光：线形逐渐变亮实色混合。

(20) 点光：通过增加或减小对比度来加深或减淡颜色,具体取决于混合色。

(21) 实色混合：效果是亮色更亮,暗色更暗。

(22) 差值：将基本色减去混合色或是将混合色减去基本色。

(23) 排除：与差值模式相似,背景亮度越高,应用层颜色越浅。

(24) 色相：用基本色的饱和度和明度与混合色的色相产生结果色。

(25) 饱和度：用基本色的饱和度和明度与混合色的饱和度产生结果色。

(26) 颜色：用基本色的明度与混合色的色相和饱和度产生结果色。

(27) 亮度：产生与"颜色"相反的效果。

背景橡皮擦工具与橡皮擦工具擦除图像的方法相同,图 3-33 所示为背景橡皮擦工具擦除图像的效果。

✿ **注意**

使用背景橡皮擦工具进行擦除时,如果当前层是背景层,系统会自动将其转换为普通层。

图 3-33　利用背景橡皮擦工具擦除图像

3.4.3　魔术橡皮擦工具

利用魔术橡皮擦工具可以擦除图层中具有相似颜色的区域,并以透明色替代被擦除的区域。工具箱中的"魔术橡皮擦工具"按钮 对应的属性栏如图 3-34 所示。

图 3-34　魔术橡皮擦工具属性栏

在属性栏中选中"连续"复选框,表示只擦除与鼠标单击处颜色相似的在容差范围内的区域。

选中"消除锯齿"复选框,表示擦除后的图像边缘显示为平滑状态。

在"不透明度"文本框中输入数值,可以设置擦除颜色的不透明度。

在属性栏中设置好各选项后,在图像中需要擦除的地方单击即可擦除图像,效果如图 3-35 所示。

图 3-35　利用魔术橡皮擦工具擦除图像

3.5　图像的修饰

在 Photoshop CS5 中提供了一些图像的修饰工具,利用这些工具可对图像进行各种修饰操作,下面具体进行介绍。

3.5.1 污点修复画笔工具

污点修复画笔工具是 Photoshop CS5 新增的工具,该工具可以快速地移去图像中的污点和其他不理想部分,以达到令人满意的效果。单击工具箱中的"污点修复画笔工具"按钮，其属性栏如图 3-36 所示。

图 3-36　污点修复画笔工具属性栏

在"模式"下拉列表中可以选择修复时的混合模式。

选中"近似匹配"单选按钮,将使用选区周围的像素来查找要用做修补的图像区域。

选中"创建纹理"单选按钮,将使用选区中的所有像素创建一个用于修复该区域的纹理。

在属性栏中设置好各选项后,在要去除的瑕疵上单击或拖曳鼠标,即可将图像中的瑕疵消除,而且被修改的区域可以无缝混合到周围图像环境中。图 3-37 所示为应用污点修复画笔工具修复图像中瑕疵的效果。

图 3-37　利用污点修复画笔工具修复图像

3.5.2 修复画笔工具

利用修复画笔工具可对图像中的折痕部分进行修复,其功能与仿制图章工具相似,也可在图像中取样对其进行修复,唯一不同的是修复画笔工具可以将取样处的图像像素融入修复的图像区域中。单击工具箱中的"修复画笔工具"按钮，其属性栏如图 3-38 所示。

图 3-38　修复画笔工具属性栏

提示:取样时按住 Alt 键,当鼠标指针变成 ⊕ 形状时,单击,取样完成,然后在图像的其他部位涂抹。

选中"取样"单选按钮,可以将图像中的一部分作为样品进行取样,用来修饰图像的另一部分,并将取样部分与图案融合部分用一种颜色模式混合,效果如图 3-39 所示。

选中"图案"单选按钮,然后单击　　按钮,在弹出的下拉列表中选择一种图案,直接在图像中拖动鼠标进行涂抹,也可以创建选区后进行涂抹,效果如图 3-40 所示。

图 3-39　取样修复

图 3-40　图案修复

3.5.3　修补工具

修补工具可利用图案或样本来修复所选图像区域中不完美的部分。单击工具箱中的"修补工具"按钮，其属性栏如图 3-41 所示。

图 3-41　修补工具属性栏

选中"源"单选按钮，在图像中创建一个选区，如图 3-42 所示，用鼠标将该区域向下拖动，在图中可以看出，选区是作为要修补的区域，效果如图 3-43 所示。

图 3-42　拖动源

图 3-43　修补效果

选中"目标"单选按钮，同样在图像中创建一个选区，拖动选区，如图 3-44 所示，在图中可以看出，选区是作为用于修补的区域，效果如图 3-45 所示。

如果图像中有选区，在属性栏中单击 按钮，在弹出的下拉列表中选择一种图案，然后单击"使用图案"按钮，需要修补的选区就会被选定的图案完全填充，效果如图 3-46 所示。

3.5.4　模糊工具

利用模糊工具可以使图像像素之间的反差缩小，从而形成调和、柔化的效果。单击工具箱中的"模糊工具"按钮 会显示其属性栏，如图 3-47 所示。

图 3-44 拖动源   图 3-45 修补效果

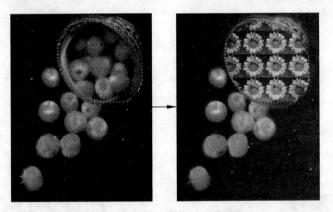

图 3-46 利用图案修补图像选区

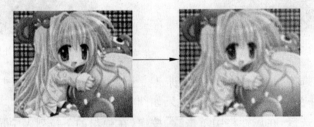

图 3-47 模糊工具属性栏

在属性栏中设置好各选项后,使用鼠标在图像中涂抹可以使图像边缘或选区中的图像变得模糊,效果如图 3-48 所示。

图 3-48 模糊图像的效果

注意

在使用模糊工具处理图像时,确定模糊处理的对象是非常重要的,否则凡是鼠标指针经过的区域都会受到模糊工具的影响。

3.5.5　锐化工具

　　锐化工具与模糊工具刚好相反,该工具可以使图像像素之间的反差加大,从而使图像变得更清晰。单击工具箱中的"锐化工具"按钮 △,其属性栏中的选项与使用方法都与模糊工具相同,这里不再赘述。图 3-49 所示为锐化图像的效果。

图 3-49　锐化图像的效果

3.5.6　涂抹工具

　　利用涂抹工具可以将涂抹区域中的像素与颜色沿鼠标拖动的方向扩展,形成类似在湿颜料中拖移手指后的绘画效果。单击工具箱中的"涂抹工具"按钮 ,其属性栏如图 3-50 所示。

图 3-50　涂抹工具属性栏

　　在属性栏中选中"手指绘画"复选框,可以用前景色对图像进行涂抹处理,并逐渐过渡到图像的颜色,类似于用手指混合并搅拌图像中的颜色,效果如图 3-51 所示。

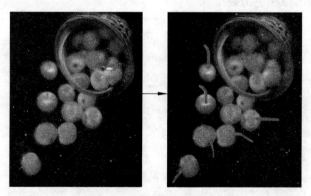

图 3-51　涂抹图像的效果

3.5.7　减淡工具

　　利用减淡工具可以增加图像的曝光度,使图像颜色变浅、变淡。单击工具箱中的"减淡工具"按钮 ,其属性栏如图 3-52 所示。

　　在"范围"下拉列表中可以选择减淡工具所用的色调,包括"高光"、"中间调"和"阴影"

范围： 中间调 ▼ 曝光度： 50% ▶ ☑ 保护色调

图 3-52　减淡工具属性栏

3 个选项。其中，"高光"选项用于调整高亮度区域的亮度，"中间调"选项用于调整中等灰度区域的亮度，"阴影"选项用于调整阴影区域的亮度。

在"曝光度"文本框中输入数值，可以调整图像曝光的强度，数值越大，亮化处理的效果越明显。

在属性栏中设置好各选项后，在图像中单击并拖动鼠标，即可增加图像的曝光度，效果如图 3-53 所示。

图 3-53　减淡图像的效果

3.5.8　加深工具

利用加深工具可以降低图像的曝光度，使图像的颜色变深，变得更加鲜艳。单击工具箱中的"加深工具"按钮，其使用方法及属性栏设置都与减淡工具相同，这里不再赘述。图 3-54 所示为加深图像颜色的效果。

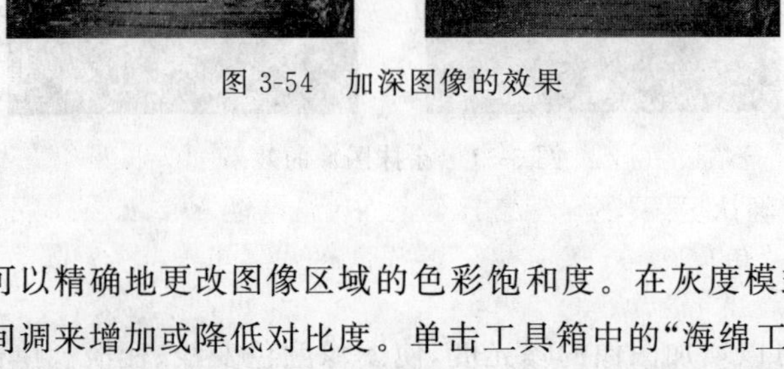

图 3-54　加深图像的效果

3.5.9　海绵工具

利用海绵工具可以精确地更改图像区域的色彩饱和度。在灰度模式下，该工具通过使灰阶远离或靠近中间调来增加或降低对比度。单击工具箱中的"海绵工具"按钮，其属性栏设置如图 3-55 所示。

在"模式"下拉列表中可以选择更改颜色的模式，包括"去色"和"加色"两种模式。选择

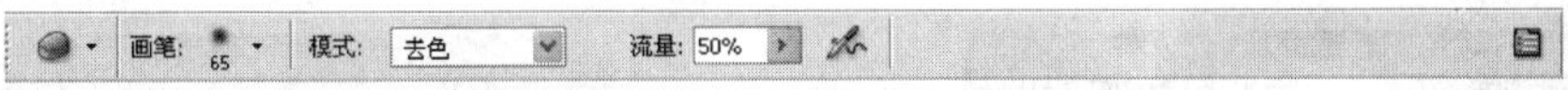

图 3-55   海绵工具属性栏

"去色"模式,可减弱图像颜色的饱和度;选择"加色"模式可加强图像颜色的饱和度。图 3-56 所示为使用"加色"模式修饰图像的效果。

图 3-56   加深图像色彩饱和度的效果

3.6   任务实现

3.6.1   制作光盘正面

利用所学的知识制作光盘正面,操作步骤如下。

(1) 按 Ctrl+O 组合键,打开一个图像文件,如图 3-57 所示。

(2) 在"图层"面板中新建"图层 1",设置前景色为灰色(R:189,G:190,B:192),然后单击工具箱中的"椭圆选框工具"按钮 ,按住 Shift 键并在打开的图像中拖动鼠标,绘制一个正圆形选区,按 Alt+Delete 组合键进行填充,效果如图 3-58 所示。

图 3-57   打开的图像文件

图 3-58   绘制并填充正圆形选区

(3) 选择"选择"→"变换选区"命令,调整选区的大小,效果如图 3-59 所示。

(4) 按 Enter 键确认变换操作,单击工具箱中的"渐变工具"按钮 ,在其属性栏中选择彩虹渐变类型,再单击"角度渐变"按钮 ,从选区的中心向右下角拖动鼠标,效果如图 3-60 所示。

(5) 利用"变换选区"命令对选区进行缩小调整,如图 3-61 所示。

(6) 按 Enter 键确认变换操作,按 Alt+Delete 组合键进行填充,将其填充为灰色,效果如图 3-62 所示。

图 3-59　变换选区的效果

图 3-60　渐变填充效果

图 3-61　变换选区大小

图 3-62　填充选区的效果

（7）利用"变换选区"命令对选区进行缩小调整，如图 3-63 所示。

（8）按 Enter 键确认变换操作，按 Delete 键删除选中内容，按 Ctrl＋D 组合键取消选区，最终效果如图 3-64 所示。

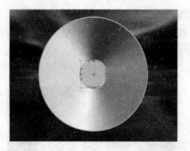

图 3-63　再次变换选区大小

图 3-64　最终效果

3.6.2　制作光盘背面

利用所学的知识制作光盘背面，操作步骤如下。

（1）选择"文件"→"新建"命令，弹出"新建"对话框，设置参数如图 3-65 所示。单击"确定"按钮，创建一个新的图像文件。

（2）设置前景色为黑色，按 Alt＋Delete 组合键进行填充，再按 Ctrl＋R 组合键，在图像文件中显示标尺，然后利用鼠标拖曳出两条相互垂直的直线，效果如图 3-66 所示。

（3）单击"图层"面板底部的"创建新图层"按钮 ，新建"图层 1"，单击工具箱中"椭圆选框"工具 ，以两条垂直线的交点为圆心，按住 Alt＋Shift 组合键拖动鼠标，在图像中绘制出一个正圆形，将其填充为白色，按 Ctrl＋O 组合键取消选区，效果如图 3-67 所示。

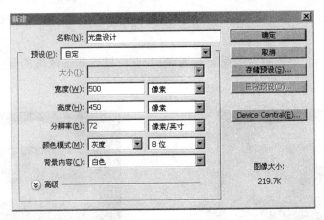

图 3-65 "新建"对话框

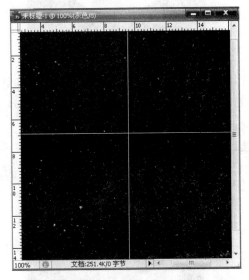

图 3-66 显示标尺和辅助线

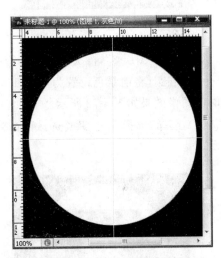

图 3-67 绘制的正圆效果

（4）按 Ctrl＋O 组合键，打开一个图像文件，如图 3-68 所示。

（5）单击工具箱中的"移动工具"按钮，将图像拖曳到新建图像中，"图层"面板中自动生成"图层 2"，然后按 Ctrl＋T 组合键，调整其大小及位置，效果如图 3-69 所示。

图 3-68 打开图像文件

图 3-69 调整图像的大小及位置

（6）单击"图层 2"，然后在按住 Ctrl 键的同时单击"图层 1"，载入正圆选区，效果如图 3-70 所示。

（7）按 Ctrl＋Shift＋I 组合键反选选区，按 Delete 键删除选区内的图像，取消选区，效果如图 3-71 所示。

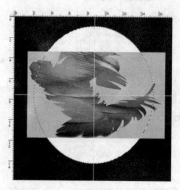
图 3-70　载入正圆选区

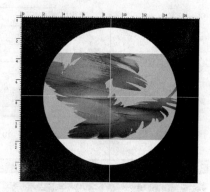
图 3-71　删除选区内的图像

（8）新建"图层 3"，再次单击工具箱中的椭圆选框工具，用刚才绘制正圆的方法再绘制一个同心圆，将前景色设置为 R：211，G：208，B：208，按 Alt＋Delete 组合键进行填充，此时的图像效果如图 3-72 所示。

（9）选择"选择"→"变换选区"命令，在选区周围会出现变换选区调节框，如图 3-73 所示。

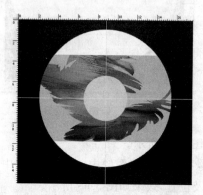
图 3-72　建立圆形选区并填充

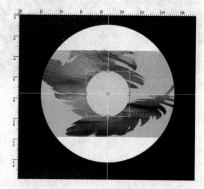
图 3-73　变换选区调节框

（10）按住 Alt＋Shift 组合键用鼠标在其中任意一个拐角处拖动，都可对选区进行变换。变换完成后，按 Enter 键，可以确认变换的选区，效果如图 3-74 所示。

（11）将前景色设置为灰色（R：175，G：176：B：176），按 Alt＋Delete 组合键进行填充。取消选区，效果如图 3-75 所示。

（12）在"图层"面板中单击"图层 4"并将其拖动至"图层 1"的下方，效果如图 3-76 所示。

（13）重复步骤（10）～（11），将圆形选区再次变换，效果如图 3-77 所示。

（14）将"图层 1"、"图层 2"、"图层 3"和"图层 4"合并起来，命名为"图层 1"，按 Delete 键删除选区内的图像，取消选区，效果如图 3-78 所示。

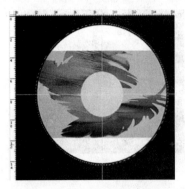

图 3-74　变换选区的效果

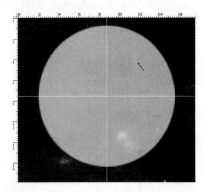

图 3-75　填充并取消选区效果

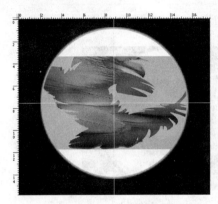

图 3-76　效果图及"图层"面板

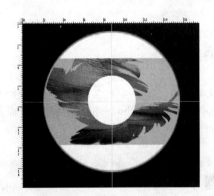

图 3-77　再次变换圆形选区

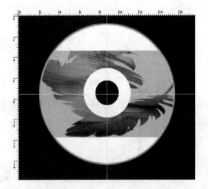

图 3-78　删除选区的效果

(15) 再次按 Ctrl＋R 组合键,隐藏标尺,按 Ctrl＋H 组合键隐藏辅助线。

(16) 按 Ctrl＋O 组合键,打开一个图像文件,如图 3-79 所示。

(17) 选择打开图像中的内容,然后复制到新建图像中,在"图层"面板中自动生成"图层 2"、"图层 3"、"图层 4",调整其大小及其位置,效果如图 3-80 所示。

(18) 单击工具箱的"文字工具"按钮 T,其属性栏如图 3-81 所示,将字体设置为红色。

(19) 单击,在新建图像中分别输入文字"全球最佳的图形图像编辑标准"、"Photoshop CS V8.01"、"官方原厂中文版",并在属性栏中调整到适当的大小。最终效果如图 3-82 所示。

图 3-79　打开图像文件

图 3-80　复制并调整图像

图 3-81　文字工具属性栏

图 3-82　最终效果

小　结

　　本章主要介绍了各种绘图和修饰工具的功能与使用方法,通过学习,读者应该掌握各种绘图工具与修饰工具的具体使用方法和使用技巧,并且学会在 Photoshop 中获取所需的图像颜色,从而制作出具有视觉艺术感的图像。

习　题

　　为图像去掉背景色,素材原图及效果图如图 3-83 所示。

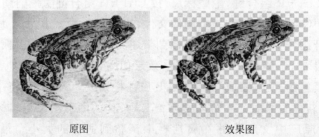

原图　　　　　　　　　　　效果图

图 3-83　习题素材原图及效果图

第 4 章

调整图像的颜色

Photoshop CS5 拥有丰富而强大的颜色调整功能,使用 Photoshop 的"曲线"、"色阶"等命令可以轻松地调整图像的色相、饱和度、对比度和亮度,修正有色彩失衡、曝光不足或过度等缺陷的图像,甚至能为黑白图像上色,调整出光怪陆离的特殊图像效果。

学习要点

- 图像色彩模式
- 应用色彩和色调命令
- 应用特殊色调
- 调整图像颜色实训

学习任务

任务一　黑白照片上色
任务二　卡通画上色

4.1　图像色彩模式

色彩模式是指同一属性下的不同颜色的集合。它的功能在于方便用户使用各种颜色,而不必每次使用颜色时都重新调配颜色。Adobe 公司为用户提供的色彩模式有十余种,每一种模式都有自己的优缺点和适用范围,并且在各种模式之间可以根据需要进行转换。

4.1.1　色彩的一些基本概念

在 Photoshop 中需要经常接触色相、饱和度、亮度和对比度这几个概念,用户应该清楚地认识它们,以便在设计中灵活运用。

(1)色相是指从物体反射或透过物体显示的颜色。在通常情况下,色相以颜色名称标识,如红色、绿色和蓝色等。

(2)饱和度是指颜色的强度或纯度。它表示色相中灰色部分所占的比例,使用从灰色至完全饱和的百分比来度量。

(3)亮度是指色彩明暗的程度。

(4)对比度是一幅画中不同颜色的差异程度,通常使用从黑色至白色的百分比来度量。

4.1.2 常用的色彩模式

在 Photoshop 中,常用的色彩模式有 RGB 模式、CMYK 模式、Lab 模式、灰度模式、位图模式和索引模式等。

1. RGB 模式

RGB 模式是 Photoshop CS5 中最常用的一种色彩模式,在这种色彩模式下图像占据空间比较小,而且还可以使用 Photoshop 中所有的滤镜和命令。

RGB 模式下的图像有 3 个颜色通道,分别为红色通道(Red)、绿色通道(Green)和蓝色通道(Blue),每个通道的颜色被分为 256(0~255)个亮度级别,在 Photoshop CS5 中每个像素的颜色都是由这 3 个通道共同决定的结果,所以每个像素都有 256^3(1677 万)种颜色可供选择。

RGB 模式的图像不能直接转换为位图色彩模式和双色调色彩模式图像,要把 RGB 模式先转换为灰度模式,再由灰度模式转换为位图色彩模式。

注意

> RGB 模式一般不用于打印,因为它的有些色彩已经超出了打印的范围,在打印一幅真彩色的图像时,就会损失一部分亮度,且比较鲜艳的色彩会失真。在打印时,系统会自动将 RGB 模式转换为 CMYK 模式,而 CMYK 模式所定义的色彩要比 RGB 模式定义的色彩少很多,因此,会损失一部分颜色,出现打印后失真的现象。

2. CMYK 模式

CMYK 模式是彩色印刷时使用的一种色彩模式,由 Cyan(青)、Magenta(洋红)、Yellow(黄)和 Black(黑)4 种色彩组成。为了避免和 RGB 三基色中的 Blue(蓝色)发生混淆,其中的黑色用 K 来表示。在平面美术中,经常用到 CMYK 模式。

3. Lab 模式

Lab 模式是由国际照明委员会制定的一套标准,它有 3 个颜色通道,一个代表亮度,用 L 表示,亮度的范围在 0~100;其余两个代表颜色范围,用 a 和 b 表示,a 通道颜色范围是由绿色渐变至红色,b 通道是由蓝色渐变至黄色。a 通道和 b 通道的颜色范围都在 −120~120。

4. 灰度模式

灰度模式中只存在灰度,最多可达 256 级灰度,当一个彩色文件被转换为灰度模式时,Photoshop 会将图像中与色相及饱和度等有关的色彩信息消除,只留下亮度。

注意

> 虽然 Photoshop 允许将一个灰度模式图像转换为彩色模式,但却不会拥有颜色信息。

5. 位图模式

位图模式是指由黑、白两种像素组成的图像模式,它有助于控制灰度图的打印。只有灰度模式或多通道模式的图像才能转换为位图模式。因此,要把 RGB 模式转换为位图模式,应先将其转换为灰度模式,再由灰度模式转换为位图模式。

6. 索引模式

索引模式又叫作映射色彩模式,该模式的像素只有 8 位,即图像只能含有 256 种颜色。这些颜色是预先定义好的,组织在一张颜色表中,当用户从 RGB 模式转换到索引色彩模式时,RGB 模式中的 16 兆种颜色将映射到这 256 种颜色中。但是因为该模式下的文件较小,所以被较多地应用于多媒体文件和制作网页图像。

4.2 应用色彩和色调命令

应用图像的色彩和色调调整命令,可调整图像的明暗程度,还可以制作出多种色彩效果。Photoshop CS5 提供了许多色彩和色调调整命令,它们都包含在"图像"→"调整"子菜单中,用户可以根据自己的需要来选择合适的命令。本节将以如图 4-1 所示的图像为例进行调整。

图 4-1 打开的示例图像文件

4.2.1 色阶

利用"色阶"命令可以调整图像的色彩明暗程度及色彩的反差效果。具体的使用方法如下。

(1) 选择"图像"→"调整"→"色阶"命令,弹出"色阶"对话框,如图 4-2 所示。

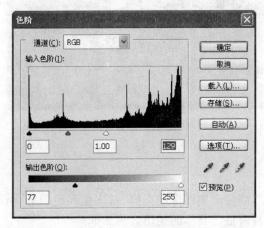

图 4-2 "色阶"对话框

（2）在"通道"下拉列表中可选择需要调整的图像通道；"输入色阶"选项用于设置图像中选定区域的最亮和最暗的色彩；"输出色阶"选项用于设置图像的亮度范围；✎ ✎ ✎按钮组中包含了 3 个吸管工具，从左到右分别为设置黑色吸管工具、设置灰色吸管工具、设置白色吸管工具，选择其中的任意一个工具在图像中单击，在图像中与单击点处颜色相同的颜色都会随之改变。

（3）设置完成后，单击"确定"按钮，效果如图 4-3 所示。

图 4-3　利用"色阶"命令调整图像的效果

4.2.2　自动颜色

利用"自动颜色"命令可自动对图像的色彩进行调整，不弹出参数设置对话框。具体的使用方法如下。

选择"图像"→"调整"→"自动颜色"命令，调整颜色后的效果如图 4-4 所示。

图 4-4　利用"自动颜色"命令调整图像的效果

4.2.3　曲线

利用"曲线"命令可以综合调整图像的亮度、对比度和色彩等。读者可以通过调整对话框中的曲线来对图像进行调整。具体的使用方法如下。

（1）选择"图像"→"调整"→"曲线"命令，弹出"曲线"对话框，如图 4-5 所示。

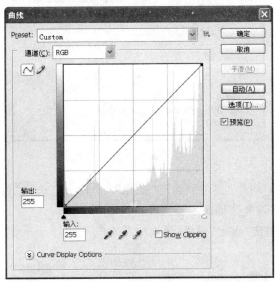

图 4-5 "曲线"对话框

（2）该对话框中的曲线默认为"直线"状态，在此状态下，将曲线向顶部移动可以调整图像的高光部分；将曲线向中间的点移动可调整图像的中间调；将曲线向底部移动可以调整图像的暗调。

（3）图 4-6 所示为调整图像中暗调部分的效果。

图 4-6 曲线参数设置及效果

4.2.4 色彩平衡

利用"色彩平衡"命令可调整图像中的各色彩之间颜色的平衡度，还可以给图像中混合不同的色彩来增加图像的色彩平衡效果。具体的使用方法如下。

（1）选择"图像"→"调整"→"色彩平衡"命令，弹出"色彩平衡"对话框，如图 4-7 所示。

（2）在"色彩平衡"选项区中可以调整整个图像的色彩平衡效果；在"色调平衡"选项区

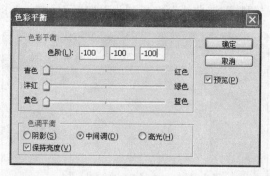

图 4-7 "色彩平衡"对话框

中可以选择调整图像的"阴影"、"中间调"、"高光"3 个部分。选中"保持亮度"复选框,可以保护图像中的亮度值在调整图像时不被更改。

(3) 设置完成后,单击"确定"按钮,效果如图 4-8 所示。

图 4-8 利用"色彩平衡"命令调整图像的效果

4.2.5 亮度/对比度

利用"亮度/对比度"命令可对图像的色调范围进行简单的调整。另外,该命令对单一的通道不起作用,所以该调整命令不适合用于高精度输出图像。具体的使用方法如下。

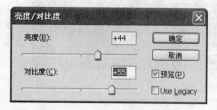

图 4-9 "亮度/对比度"对话框

(1) 选择"图像"→"调整"→"亮度/对比度"命令,弹出"亮度/对比度"对话框,如图 4-9 所示。

(2) 在"亮度"文本框中输入数值可设置图像的亮度;在"对比度"文本框中输入数值可设置图像的对比度。

(3) 设置完成后,单击"确定"按钮,效果如图 4-10 所示。

4.2.6 色相/饱和度

利用"色相/饱和度"命令可调整图像中特定颜色成分的色相、饱和度和亮度。具体的使

图 4-10　利用"亮度/对比度"命令调整图像的效果

用方法如下。

（1）选择"图像"→"调整"→"色相/饱和度"命令，弹出"色相/饱和度"对话框，如图 4-11
所示。

图 4-11　"色相/饱和度"对话框

（2）在"编辑"下拉列表中设置允许调整的色彩范围；在"色相"文本框中输入数值可调
整图像的色彩；在"饱和度"文本框中输入数值可增加或减少颜色的饱和度成分；在"明度"文
本框中输入数值可调整图像的明亮程度；选中"着色"复选框，可以给图像添加不同程度的单
一颜色。

（3）设置完成后，单击"确定"按钮，效果如图 4-12 所示。

4.2.7　去色

利用"去色"命令可将彩色图像中的所有彩色成分全部去掉，将其转换为相同色彩模式
的灰度图像。

选择"图像"→"调整"→"去色"命令，去掉颜色后的效果如图 4-13 所示。

图 4-12　利用"色相/饱和度"命令调整图像的效果

图 4-13　利用"去色"命令调整图像的效果

4.2.8　可选颜色

利用"可选颜色"命令可以精细地调整图像中的颜色或色彩的不平衡度。此命令主要利用CMYK颜色来对图像的颜色进行调整。具体的使用方法如下。

（1）选择"图像"→"调整"→"可选颜色"命令，弹出"可选颜色"对话框，如图 4-14 所示。

（2）在"颜色"下拉列表中可选择需要调整的颜色；"方法"选项区中包括"相对"和"绝对"两个单选按钮，可用来设置添加或减少颜色的方法。

（3）设置完成后，单击"确定"按钮，效果如图 4-15 所示。

图 4-14　"可选颜色"对话框

图 4-15　利用"可选颜色"命令调整图像的效果

4.2.9　渐变映射

利用"渐变映射"命令可将图像颜色调整为选定的渐变图案颜色效果。具体的使用方法如下。

（1）选择"图像"→"调整"→"渐变映射"命令，弹出"渐变映射"对话框，如图 4-16 所示。

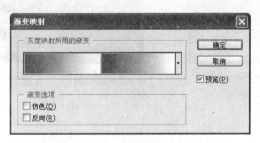

图 4-16　"渐变映射"对话框

（2）在"灰度映射所用的渐变"下拉列表中可选择相应的渐变样式来对图像颜色进行调整。选中"仿色"复选框，可在图像中产生抖动渐变；选中"反向"复选框，可将选择的渐变颜色进行反向调整。

（3）设置完成后，单击"确定"按钮，效果如图 4-17 所示。

图 4-17　利用"渐变映射"命令调整图像的效果

4.2.10　照片滤镜

利用"照片滤镜"命令调整图像产生的效果,类似于真实拍摄照片时使用颜色滤镜所产生的效果。具体的使用方法如下。

(1) 选择"图像"→"调整"→"照片滤镜"命令,弹出"照片滤镜"对话框,如图 4-18 所示。

(2) 选中"滤镜"单选按钮,在其后的下拉列表中可选择颜色调整的过滤模式;选中"颜色"单选按钮,可在拾色器中选择颜色来定义滤镜的颜色;在"浓度"选项中可设置应用到图像中色彩的百分比;选中"保留亮度"复选框,在调整图像颜色时可以保留图像原来的亮度。

(3) 设置完成后,单击"确定"按钮,效果如图 4-19 所示。

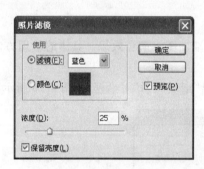

图 4-18　"照片滤镜"对话框　　　　　　图 4-19　利用"照片滤镜"命令调整图像的效果

4.2.11　阴影/高光

利用"阴影/高光"命令不只是简单地将图像变亮或变暗,还可通过运算对图像的局部进行明暗处理。具体的使用方法如下。

(1) 选择"图像"→"调整"→"阴影/高光"命令,弹出"阴影/高光"对话框,如图 4-20 所示。

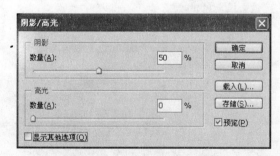

图 4-20　"阴影/高光"对话框

(2) 在"阴影"选项区中可设置图像的暗调部分的百分比;在"高光"选项区中可设置图像的高光部分百分比;选中"显示其他选项"复选框,可弹出"阴影/高光"对话框中的其他选项,如图 4-21 所示。

（3）设置完成后，单击"确定"按钮，效果如图 4-22 所示。

图 4-21　扩展后的"阴影/高光"对话框　　　图 4-22　利用"阴影/高光"命令调整图像的效果

4.3　应用特殊色调

"特殊色调"命令可以使图像产生特殊的效果，包括反相、色调均化、阈值和色调分离
4 个命令。本节将以图 4-23 所示的图像为例进行调整。

4.3.1　反相

利用"反相"命令可将图像中的色彩调整为和原色互补的颜色。具体的操作方法如下。
选择"图像"→"调整"→"反相"命令调整图像后的效果如图 4-24 所示。

图 4-23　打开的示例图像文件　　　　　　图 4-24　利用"反相"命令调整图像的效果

4.3.2 阈值

利用"阈值"命令可将一个彩色或灰度的图像转换为高对比度的黑白图像。具体的操作方法如下。

（1）选择"图像"→"调整"→"阈值"命令，弹出"阈值"对话框，如图 4-25 所示。

（2）在"阈值色阶"文本框中输入数值可设置图像中像素的黑白颜色。

（3）设置完成后，单击"确定"按钮，效果如图 4-26 所示。

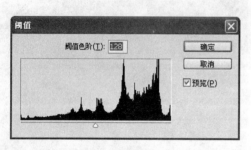

图 4-25　"阈值"对话框　　　　　　图 4-26　利用"阈值"命令调整图像的效果

4.3.3 色调均化

利用"色调均化"命令可以平均分布图像中的亮度值，使图像中的亮度更加平衡，图像更加清晰。具体的操作方法如下。

选择"图像"→"调整"→"色调均化"命令，利用"色调均化"命令调整图像后的效果如图 4-27 所示。

图 4-27　利用"色调均化"命令调整图像的效果

4.3.4 色调分离

利用"色调分离"命令可指定图像中单个通道的亮度值数量，然后将这些像素映射为最接近的匹配颜色。该命令在对灰度图像调整时效果最为明显，具体的操作方法如下。

（1）选择"图像"→"调整"→"色调分离"命令，弹出"色调分离"对话框，如图 4-28 所示。

（2）在"色阶"文本框中输入数值可设置色阶的数量，以256阶的亮度对图像中的像素亮度进行分配。

（3）设置完成后，单击"确定"按钮，效果如图4-29所示。

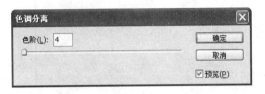

图4-28　"色调分离"对话框　　　　图4-29　利用"色调分离"命令调整图像的效果

4.4　任务实现

4.4.1　黑白照片上色

利用所学的知识为黑白照片上色，操作步骤如下。

（1）按Ctrl+O组合键，打开一幅灰度图像，如图4-30所示。

注意

> 有部分图像色彩调整命令在灰度图像中不可使用，因此，首先将图4-30所示的灰度图像文件转换为RGB色彩模式的图像文件。

（2）选择"图像"→"模式"→"RGB颜色"命令，即可将灰度图像转换为RGB色彩模式的图像。

（3）单击工具箱中的"多边形套索工具"按钮，将图像中人物的背景部分选取，选择"图像"→"调整"→"色相/饱和度"命令，弹出"色相/饱和度"对话框，设置参数如图4-31所

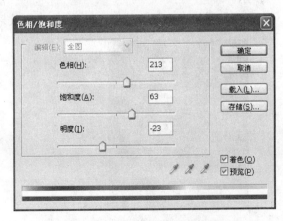

图4-30　打开的图像文件　　　　图4-31　"色相/饱和度"对话框

示,单击"确定"按钮,效果如图 4-32 所示。

（4）再用相同的方法，将图像中人物的衣服选取，然后选择"图像"→"调整"→"色相/饱和度"命令，弹出"色相/饱和度"对话框，设置参数如图 4-33 所示，单击"确定"按钮，效果如图 4-34 所示。

图 4-32　为背景上色后的效果

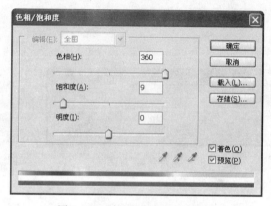

图 4-33　"色相/饱和度"对话框

（5）用相同的方法对颈部进行调整，效果如图 4-35 所示。

图 4-34　为衣服上色后的效果

图 4-35　调整颈部的颜色

（6）再用相同的方法对脸部进行调整（在创建选区时注意把眼睛、嘴巴除去），效果如图 4-36 所示。

（7）再用相同的方法调整其嘴巴的颜色，最终效果如图 4-37 所示。

图 4-36　调整脸部的颜色

图 4-37　黑白照片上色的效果

4.4.2　卡通画上色

利用所学的知识为黑白照片上色,操作步骤如下。

(1) 选择"文件"→"打开"命令,打开黑白素材图像,如图 4-38 所示。

(2) 选择"图层"→"新建"→"图层"命令,新建"图层 1",如图 4-39 所示。

图 4-38　黑白素材图像　　　　　　　　　　　　　图 4-39　新建图层

(3) 选取渐变工具,单击工具选项栏中的渐变色块,在弹出的"渐变编辑器"对话框中设置参数,色标依次是橙色(RGB 参考值分别为 R:248,G:155,B:12)、黄色(RGB 参考值分别为 R:255,G:237,B:0)、绿色(RGB 参考值分别为 R:28,G:255,B:1)、蓝色(RGB 参考值分别为 R:1,G:199,B:212),如图 4-40 所示。

(4) 在绘图编辑区,按住 Shift 键从上至下垂直拖动鼠标,填充渐变色,效果如图 4-41 所示。

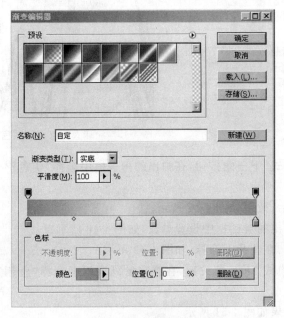

图 4-40　"渐变编辑器"对话框　　　　　　　　　图 4-41　填充渐变色

（5）在"图层"面板中，单击"图层模式"下三角按钮，在弹出的下拉列表中选择"颜色"选项，如图 4-42 所示。

（6）更改图层模式为"颜色"后，效果如图 4-43 所示。

图 4-42　选择"颜色"选项　　　　　　　　　图 4-43　更改图层模式为"颜色"的效果

（7）单击"设置前景色"色块，在弹出的对话框中设置参数，如图 4-44 所示。

（8）新建一个图层，选择画笔工具，在人物的衣服上涂抹，如图 4-45 所示。

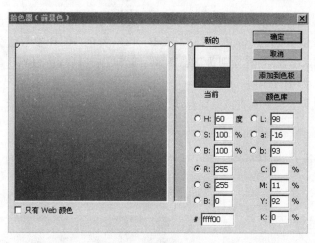

图 4-44　设置前景色　　　　　　　　　　　图 4-45　涂抹人物衣服的颜色

（9）在"图层"面板中，单击"图层模式"下三角按钮，在弹出的列表框中选择"实色混合"选项，如图 4-46 所示。

（10）更改图层模式为"实色混合"后，效果如图 4-47 所示。

（11）单击"设置前景色"色块，在弹出的对话框中设置参数，如图 4-48 所示。

（12）新建一个图层，选择画笔工具，在花朵上涂抹，如图 4-49 所示。

（13）在"图层"面板中，单击"图层模式"下三角按钮，在弹出的列表框中选择"色相"选项，如图 4-50 所示。

（14）更改图层模式为"色相"后，效果如图 4-51 所示。

图 4-46　选择"实色混合"选项

图 4-47　更改图层模式为"实色混合"的效果

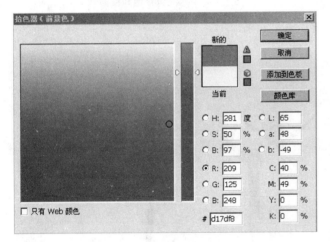

图 4-48　设置前景色

图 4-49　涂抹花朵的颜色

图 4-50　选择"色相"选项

图 4-51　更改图层模式为"色相"的效果

（15）按 Ctrl＋Shift＋Alt＋E 组合键，盖印所有图层，效果如图 4-52 所示。

（16）选择"图像"→"调整"→"色相/饱和度"命令，在弹出的"色相/饱和度"对话框中设置参数，如图 4-53 所示。

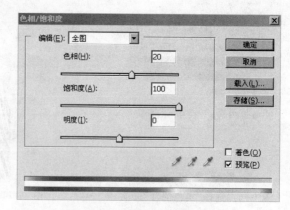

图 4-52　盖印所有图层　　　　　　　　　图 4-53　调整色相/饱和度参数

（17）单击"确定"按钮，最终效果如图 4-54 所示。

图 4-54　卡通画的上色效果

小　　结

本章主要介绍了调整图像色彩和色调的方法。通过学习，用户可以了解 Photoshop 中图像颜色的调配，并学会使用这些命令对图像进行色相、饱和度、对比度和亮度的调整，运用这些命令制作出形态万千、魅力无穷的艺术作品。

习　题

打开图 4-55 所示的图像，使用本章所学的调整图像色彩和色调命令对其进行调整。

图 4-55　习题用素材

第 5 章

图层及其应用

图层是 Photoshop 的核心功能之一,图层的引入为图像的编辑带来了极大的便利。以前只能通过复杂的选区和通道运算才能得到的效果,现在通过图层和图层样式便可轻松实现。

学习要点

- "图层"面板介绍
- 图层的基本操作
- 设置图层的特殊样式
- 设置图层的混合模式

学习任务

任务一　绘制祝福卡片

任务二　设计房地产广告

5.1 "图层"面板介绍

在 Photoshop 中,图像是由一个或多个图层组成的,若干个图层组合在一起,就形成了一幅完整的图像。这些图层之间可以任意组合、排列和合并,在合并图层之前,每一个图层都是独立的。并且在对一个单独的图层进行操作时,其他的图层不受任何影响。

在默认状态下,"图层"面板处于显示状态,它是管理和操作图层的主要场所,可以进行图层的各种操作,如创建、删除、复制、移动、链接、合并等。如果在窗口中看不到"图层"面板,可以选择"窗口"→"图层"命令,或按 F7 键,便可打开"图层"面板,如图 5-1 所示。

下面主要介绍"图层"面板的各个组成部分及其功能。

正常 ：用于选择当前图层与其他图层的混合效果。

不透明度：用于设置图层的不透明度。

：表示图层的透明区域是否能编辑。选择该按钮后,图层的透明区域被锁定,不能对图层进行任何编辑,反之可以进行编辑。

：表示锁定图层编辑和透明区域。选择该按钮后,当前图层被锁定,不能对图层进行任何编辑,只能对图层上的图像进行移动操作,反之可以编辑。

：表示锁定图层移动功能。选择该按钮后,当前图层不能移动,但可以对图像进行编

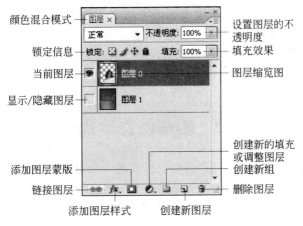

图 5-1 "图层"面板

辑,反之可以移动。

表示锁定图层及其副本的所有编辑操作。选择该按钮后,不能对图层进行任何编辑,反之可以编辑。

:用于显示或隐藏图层。当该图标在图层左侧显示时,表示当前图层可见,图标不显示时表示当前图层隐藏。

:表示该图层与当前图层为链接图层,可以一起进行编辑。

:位于"图层"面板下面,单击该按钮,可以在弹出的菜单中选择图层效果。

:单击该按钮,可以给当前图层添加图层蒙版。

:单击该按钮,可以添加新的图层组。

:单击该按钮,可在弹出的下拉菜单中选择要进行添加的调整或填充图层内容命令,如图 5-2 所示。

:单击该按钮,在当前图层上方创建一个新图层。

:单击该按钮,可删除当前图层。

单击右上角的按钮,可弹出如图 5-3 所示的"图层"面板菜单,该菜单中的大部分选项功能与"图层"面板功能相同。

图 5-2 调整和填充图层下拉菜单　　　　图 5-3 "图层"面板菜单

在"图层"面板中,每个图层都是自上而下排列的,位于"图层"面板最下面的图层为背景层。"图层"面板中的大部分功能都不能应用,需要应用时,必须将其转换为普通图层。所谓的普通图层,就是常用到的新建图层,在其中用户可以做任何的编辑操作。另外,位于"图层"面板最上面的图层在图像窗口中也是位于最上层,调整其位置相当于调整图层的叠加顺序。

5.2 图层的基本操作

图层的大部分操作都是在"图层"面板中完成的。通过"图层"面板,用户可以完成图层的创建、移动、复制、删除、链接及合并等操作。下面将进行具体介绍。

5.2.1 创建图层

用户可以用以下几种方法来创建新图层。

(1) 最常用的方法是直接单击"图层"面板中的"创建新图层"按钮 创建一个新图层,系统会自动将其命名为"图层 1"、"图层 2"等,如图 5-4 所示。

(2) 按住 Alt 键的同时单击"图层"面板中的"创建新的图层"按钮 ,也可创建新图层。

(3) 选择"图层"→"新建"→"图层"命令,即可创建新图层。

(4) 单击"图层"面板右上角的 按钮,在弹出的"图层"面板菜单中选择"新建图层"命令,可创建新图层。

用第(3)、(4)种方法创建新图层时都会弹出"新建图层"对话框,如图 5-5 所示。在该对话框中可对新建的图层进行一些详细的设置。

图 5-4　创建新图层

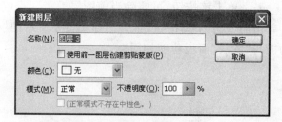

图 5-5　"新建图层"对话框

5.2.2 复制图层

复制图层是将图像中原有的图层内容进行复制,可在一个图像中复制图层的内容,也可在两个图像之间复制图层的内容。在两个图像之间复制图层时,由于目标图像和源图像之间的分辨率不同,从而导致内容被复制到目标图像时,其图像尺寸会比源图像小或大。

用户可以用以下几种方法来复制图层的内容。

（1）用鼠标将需要复制的图层拖动到"图层"面板底部的"创建新图层"按钮  上，当鼠标指针变成 形状时释放鼠标按键，即可复制此图层。复制的图层在"图层"面板中会是一个带有"副本"字样的新图层，如图 5-6 所示。

（2）选中需要复制的图层，单击"图层"面板右上角的 按钮，在弹出的"图层"面板菜单中选择"复制图层"命令即可。

（3）右击需要复制的图层，在弹出的快捷菜单中选择"复制图层"命令即可。

用第（2）、（3）种方法复制图层时都会弹出"复制图层"对话框，如图 5-7 所示。在该对话框中可对复制的图层进行一些详细的设置。

图 5-6　复制图层

图 5-7　"复制图层"对话框

5.2.3　删除图层

可以用以下几种方法来删除图层。

（1）将图层拖动到面板中的 按钮上，即可将该图层删除。

（2）选中需要删除的图层，单击"图层"面板右上角的 按钮，在弹出的"图层"面板菜单中选择"删除图层"命令即可。

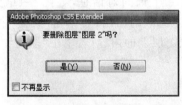

图 5-8　询问对话框

（3）将要删除的图层设置为当前图层，单击"图层"面板中的 按钮，即可删除图层。

（4）将要删除的图层设置为当前图层，选择"图层"→"删除"→"图层"命令，即可删除该图层。

用第（2）～（4）种方法删除图层时都会弹出询问对话框，如图 5-8 所示。在该对话框中，用户可以根据需要选择是否删除该图层。

5.2.4　调整图层的顺序

在编辑图像过程中，有时需要重新排列各图层的顺序，以便达到所需的效果。

可以用以下两种方法来调整图层顺序。

（1）在"图层"面板中，直接单击需要调整顺序的图层，并将其拖动到目标位置松开鼠标按键即可。

（2）选择需要调整顺序的图层，然后选择"图层"→"排列"命令，在该子菜单中包含了几种对图层顺序进行调整的命令，如图 5-9 所示。

置为顶层(F)	Shift+Ctrl+]
前移一层(W)	Ctrl+]
后移一层(K)	Ctrl+[
置为底层(B)	Shift+Ctrl+[
反向(R)	

图 5-9　"排列"子菜单

5.2.5　链接与合并图层

在编辑图像的过程中,有时需要对多个图层上的内容进行统一的旋转、移动、缩放等操作,此时就要将图层链接起来或将它们合并,然后再进行各种处理。下面将进行具体介绍。

1. 链接图层

链接图层就是在"图层"面板中,选中需要进行链接的两个或两个以上的图层,然后单击图层面板中的"链接图层"按钮  ,即可将选择的图层链接起来。链接后的每个图层中都含有 标志,如图 5-10 所示。

图 5-10　链接图层

> 在链接图层过程中,按住 Shift 键可以选择连续的几个图层,按住 Ctrl 键可选择不连续的几个图层。

2. 合并图层

合并图层是将两个或两个以上的图层合并为一个图层,这样可以减小文件大小,有利于存储和快速操作。

单击"图层"面板右上角的 按钮,在弹出的菜单中有以下 3 个合并图层命令。

"向下合并": 该命令可以将当前图层与它下面的一个图层进行合并,而其他图层则保持不变。

"合并可见图层": 该命令可以将"图层"面板中所有可见的图层进行合并,而被隐藏的图层将不被合并。

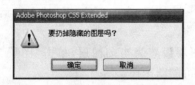

图 5-11　询问对话框

"拼合图像": 该命令可以将图像窗口中所有的图层进行合并,并放弃图像中隐藏的图层。若有隐藏的图层,在使用该命令时会弹出一个询问对话框,如图 5-11 所示,提示用户是否要扔掉隐藏的图层,若单击"确定"按钮,合并后将会丢掉隐藏图层上的内容;若单击"取消"按钮,则可取消合并操作。

5.2.6　将图像选区转换为图层

在 Photoshop 中,用户可以直接创建新图层,也可以将创建的选区转换为图层。具体的操作步骤如下。

(1) 按 Ctrl+O 组合键打开一幅图像文件,并用工具箱中的创建选区工具在其中创建选区,效果如 5-12 所示。

(2) 选择"图层"→"新建"→"通过拷贝的图层"命令,此时的"图层"面板如图 5-13 所示。

(3) 单击工具箱中的"移动工具"按钮 ,然后在图像窗口中单击并拖动鼠标,此时图像的效果如图 5-14 所示。由此可看出,执行此命令后,系统会自动将选区中的图像内容复制到一个新图层中。

图 5-12　创建的选区及"图层"面板

图 5-13　执行"通过拷贝的图层命令"

图 5-14　移动图像的效果

选择"图层"→"新建"→"通过剪切的图层"命令,可将选区中的图像内容剪切到一个新图层中。

5.2.7　普通图层与背景图层的转换

普通图层就是经常用到的新建图层,用户可直接新建,也可以将背景图层转换为普通图层。其操作方法非常简单:在背景图层上双击,可弹出"新建图层"对话框,在其中可设置转换后图层的名称、颜色、不透明度和色彩混合模式。设置完成后,单击"确定"按钮即可,效果如图 5-15 所示。

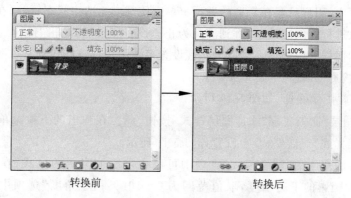

转换前　　　　　　　　　　　　转换后

图 5-15　转换前和转换后的"图层"面板

5.3 设置图层的特殊样式

在 Photoshop 中可以对图层应用各种样式效果，如光照、阴影、颜色填充、斜面、浮雕及描边等，而且不影响图像对象的原始属性。在应用图层样式后，用户还可以将获得的效果复制下来并进行粘贴，以便在较大的范围内快速应用。

Photoshop CS5 提供了 10 种图层特殊样式，可根据需要选择其中一种或多种样式添加到图层中，制作出特殊的图层样式效果。

可以通过以下方法给图层添加特殊样式。

选择需要添加特殊样式的图层，然后单击图层面板底部的"添加图层样式"按钮 ，在弹出的下拉菜单中选择需要的特殊样式命令，或者选择"图层"→"图层样式"命令，在其子菜单中选择需要的特殊样式命令，都可弹出"图层样式"对话框，如图 5-16 所示。

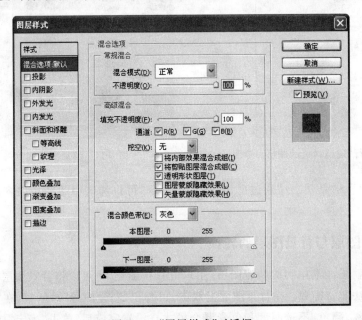

图 5-16 "图层样式"对话框

在该对话框中，用户只要在需要的选项上单击使其变为选中状态，就可在其中对该特殊样式效果的参数进行详细的设置，直到满意为止。设置完成后，单击"确定"按钮，即可给选择的图层应用图层样式效果。还可以一次性设置多种图层特殊样式到某一图层中。

下面将以"投影"样式命令加以说明。

（1）打开一幅图像文件，如图 5-17 所示。

（2）单击"图层"面板底部"添加图层样式"按钮 ，在弹出的下拉菜单中选择"投影"命令，弹出"图层样式"对话框，参数设置如图 5-18 所示。

（3）在该对话框中的"混合模式"选项中可以指定所加阴影的模式；在"不透明度"选项中可设置所加阴影的不透明度，取值范围为 0～100％；在"角度"选项中可设置指定阴

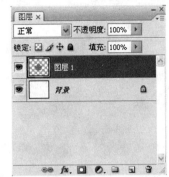

图 5-17　打开图像文件及"图层"面板

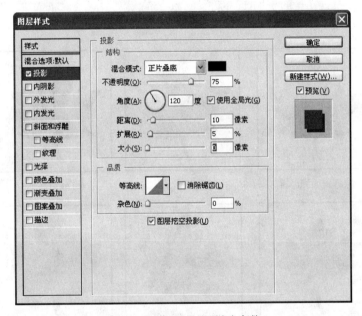

图 5-18　设置"投影"样式参数

影相对于原图像的角度,可以以任意的角度来指定阴影的位置,使其产生不同的效果;在
"距离"选项中可设置阴影与当前层内图像的距离,值越大,与当前内容的距离越远;在
"扩展"选项中可设置阴影的密度,数值越大,阴影的密度就越大,反之越小;在"大小"选
项中可设置阴影的大小;在"品质"选项中可设置阴影的强度,其中,"等高线"选项控制阴
影的轮廓形状,"消除锯齿"选项控制是否取消锯齿;在"杂色"选项中可设置阴影中是否
要加入杂色,制作随机效果;选中"图层挖空投影"复选框,可控制阴影在半透明图层上被
看到的状况。

（4）设置完成后,单击"确定"按钮,效果如图 5-19 所示。

在图层面板中,添加过特殊样式的图层中都含有 标志。

其余几种图层的特殊样式效果如图 5-20 所示。

图 5-19　添加投影效果及添加后的"图层"面板

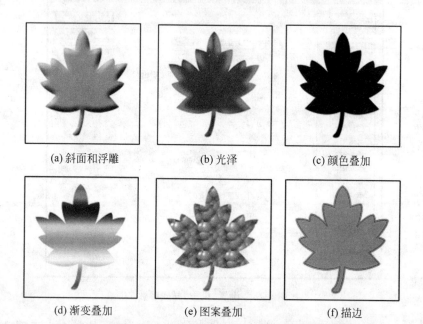

(a) 斜面和浮雕　　　　　(b) 光泽　　　　　(c) 颜色叠加

(d) 渐变叠加　　　　　(e) 图案叠加　　　　　(f) 描边

图 5-20　几种特殊图层样式效果

5.4　设置图层的混合模式

在 Photoshop 中,可以将上面图层和下面图层的像素进行混合,得到另外一种图像效果。在"图层"面板中单击 正常 选项右侧的下拉按钮,可弹出图层混合模式下拉列表,在其中包含了 20 多种图层混合模式。下面将介绍几种常用的图层混合模式。

5.4.1　正常模式

默认情况下,图层以正常模式显示出来,此模式与原图没有任何区别,只有通过拖动"不透明度"框中的滑块来改变当前图层的不透明度,并显露出下面图层中的像素。

打开一幅图像文件,使图层 1 为当前图层,如图 5-21 所示。

图 5-21　打开的图像及"图层"面板

在混合模式列表中选择"正常"选项,设置"不透明度"为 50％,效果如图 5-22 所示。

图 5-22　使用正常模式及调整不透明度的效果

5.4.2　溶解模式

溶解模式是将当前图层的颜色与下面图层的颜色进行混合而得到的另外一种效果。该模式对于有羽化边缘的图层影响很大,最终得到的效果和当前图层的羽化程度与不透明度有着直接的关系。图 5-23 所示是图层的不透明度为 50％时的图像效果。

图 5-23　应用溶解模式的"图层"面板及效果

5.4.3　变暗模式

变暗模式是将当前图层的颜色与下面图层的颜色相混合,并选择基色或混合色中较暗的颜色作为结果色,其中比混合色亮的像素被替换,比混合色暗的像素将保持不变。图 5-24

所示为图层变暗模式的效果。

图 5-24　应用变暗模式的"图层"面板及效果

5.4.4　正片叠加、颜色加深与线性加深模式

使用正片叠加模式可以使图像颜色变得很深,产生当前图层与下面图层颜色叠加的效果。但黑色与黑色叠加产生的颜色仍为黑色,白色与白色叠加产生的颜色仍为白色。此模式在处理图像时是十分有用的。

使用颜色加深模式可以增加图像的对比度,使当前图层中的像素变暗,此模式产生的图像颜色比正片叠加更深一些。

使用线性加深模式可以降低当前图层中像素的亮度,从而使当前图层中的图像颜色加深。

5.4.5　叠加模式

使用叠加模式可将当前图层与下面图层中的颜色叠加,相当于正片叠加与滤色两种模式的操作,从而使图像的暗区与亮区加强。

5.4.6　线性光模式

使用线性光模式,如果当前图层与下面图层中的颜色混合大于 50％灰度,则会增加亮度,使图像变亮,如果当前图层与下面图层中的图像颜色混合小于 50％,则会减少亮度,使图像变暗。图 5-21 所示的图像使用线性光模式,将"图层 1"设为当前图层,在混合模式列表中选择"线性光"选项,设置"不透明度"为 100％,图像效果如图 5-25 所示。

图 5-25　使用线性光模式的"图层"面板及效果

5.5　任务实现

5.5.1　绘制祝福卡片

利用所学的知识绘制祝福卡片,操作步骤如下。

(1) 选择"文件"→"新建"命令,在弹出的"新建"对话框中设置参数,如图 5-26 所示。单击"确定"按钮,新建一个文件。

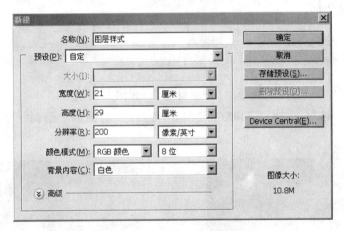

图 5-26　"新建"对话框

(2) 单击"设置前景色"色块,在弹出的对话框中设置参数,如图 5-27 所示。

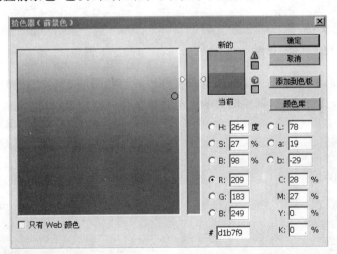

图 5-27　设置前景色

(3) 选择矩形选框工具,绘制一个矩形,如图 5-28 所示。

(4) 按 Alt + Delete 组合键,填充前景色,效果如图 5-29 所示。

(5) 参照上述操作方法,绘制其他矩形并填充颜色,完成背景效果的制作,如图 5-30 所示。

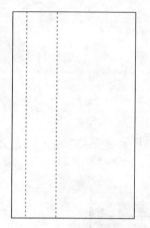

图 5-28　绘制矩形

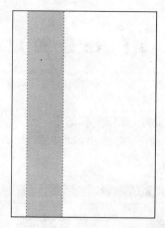

图 5-29　填充前景色

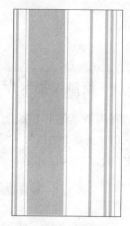

图 5-30　背景效果

（6）选择"文件"→"打开"命令，打开素材文件，如图 5-31 所示。

（7）选取椭圆选框工具|○.，同时按住 Shift 键，在素材图像上绘制一个正圆，如图 5-32 所示。

图 5-31　素材图像

图 5-32　绘制一个正圆

（8）单击拖曳，将素材图像添加至背景文件中，得到"图层 2"，如图 5-33 所示。

（9）按 Ctrl＋T 组合键，调整图像的大小并移至合适的位置，如图 5-34 所示。

图 5-33　添加素材图像

图 5-34　调整大小及位置

（10）单击"图层"面板下方的"设置图层样式"按钮，在弹出的快捷菜单中选择"投影"命令，如图 5-35 所示。

（11）弹出"图层样式"对话框，从中设置参数，如图 5-36 所示。

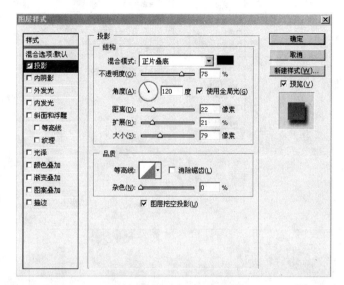

图 5-35　选择"投影"命令　　　　　　　　图 5-36　"图层样式"对话框

（12）选中"内阴影"复选框，并设置参数，如图 5-37 所示。

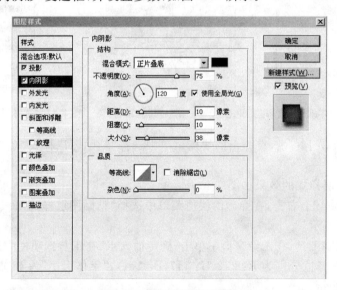

图 5-37　设置"内阴影"参数

（13）选中"描边"复选框，并设置参数，如图 5-38 所示。

（14）单击"确定"按钮，效果如图 5-39 所示。

（15）参照上述操作方法，添加其他素材，得到"图层 3"和"图层 4"，如图 5-40 所示。

（16）在"图层 2"上右击，在弹出的快捷菜单中选择"拷贝图层样式"命令，如图 5-41 所示。

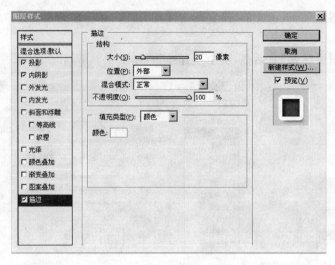

图 5-38　设置"描边"参数

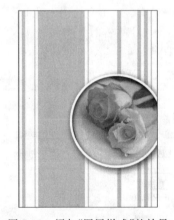

图 5-39　添加"图层样式"的效果

图 5-40　添加其他素材

图 5-41　选择"拷贝图层样式"命令

（17）在"图层 3"上右击，在弹出的快捷菜单中选择"粘贴图层样式"命令，效果如图 5-42 所示。

（18）复制图层样式的效果如图 5-43 所示。

（19）在"图层 4"上右击，在弹出的快捷菜单中选择"粘贴图层样式"命令，复制图层样式的效果如图 5-44 所示。

（20）选取文字工具，在图像窗口中单击，确定插入点，在工具选项栏中设置文字"颜色"为粉红色（RGB 参考值分别为 R：232，G：117，B：174），"字体大小"为 48 点，"字体"为方正姚体，如图 5-45 所示。

（21）输入文字"深深的祝福"，如图 5-46 所示。

（22）选择文字，单击工具选项栏中的"显示/隐藏字符和段落调板"按钮，在"字符"选项卡中设置"字符间距"为 360，如图 5-47 所示。

（23）单击工具选项栏中的"创建文字变形"按钮 ，弹出"变形文字"对话框，在"样式"下拉列表中选择"旗帜"样式，如图 5-48 所示。

（24）单击"确定"按钮，效果如图 5-49 所示。

图 5-42 选择"粘贴图层
样式"命令

图 5-43 在"图层 3"复制
图层样式

图 5-44 在"图层 4"复制
图层样式

图 5-45 文字工具选项栏

图 5-46 输入文字

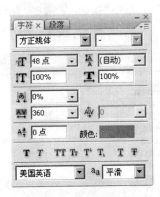

图 5-47 设置字符间距

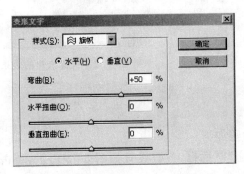

图 5-48 "变形文字"对话框

图 5-49 文字效果

（25）单击"图层"面板下方的"设置图层样式"按钮，在弹出的快捷菜单中选择"投影"命令，并设置参数，如图 5-50 所示。

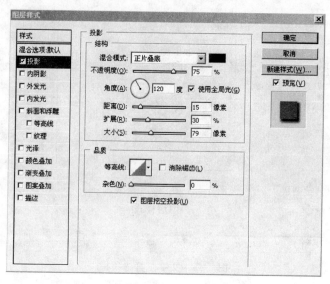

图 5-50　设置"投影"参数

（26）选中"描边"复选框，并设置参数，如图 5-51 所示。

（27）单击"确定"按钮，最终效果如图 5-52 所示。

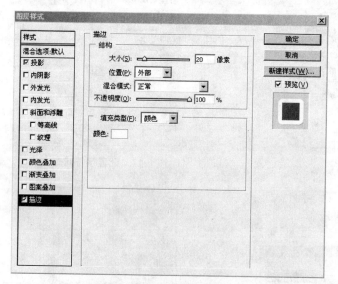

图 5-51　设置"描边"参数

图 5-52　祝福卡片的效果

5.5.2　设计房地产广告

利用所学的知识制作房地产广告，操作步骤如下。

（1）选择"文件"→"新建"命令，弹出"新建"对话框，参数设置如图 5-53 所示，单击"确定"按钮，新建一个图像文件。

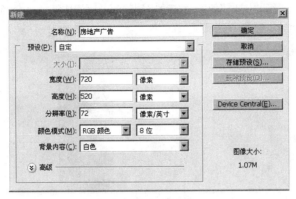

图 5-53 "新建"对话框

（2）单击"图层"面板底部的"创建新图层"按钮 ，新建"图层 1"，然后单击工具箱中的"矩形选框工具"按钮 ，在新建的图像文件中绘制矩形选区，效果如图 5-54 所示。

（3）按 D 键设置默认前景色和默认背景色（即前景色为黑色、背景色为白色），按 Alt＋Delete 组合键填充选区为黑色，按 Ctrl＋D 组合键取消选区，效果如图 5-55 所示。

图 5-54 绘制矩形选区

图 5-55 填充选区为黑色

（4）按 Ctrl＋R 组合键显示标尺，用鼠标拖曳出两条参考线，位置如图 5-56 所示。

（5）新建"图层 2"，单击工具箱中的"矩形选框工具"按钮 ，在图像中绘制矩形选区，设置前景色为白色，按 Alt＋Delete 组合键填充选区，如图 5-57 所示。

图 5-56 创建参考线

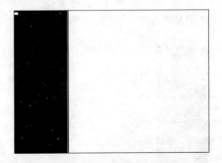

图 5-57 填充选区为白色

（6）按住 Ctrl＋Alt 组合键拖动鼠标复制多个白色矩形，并沿着参考线排放好位置，按 Ctrl＋D 组合键取消选区，如图 5-58 所示。

（7）将"图层2"拖曳到"图层"面板底部的"创建新图层"按钮 上，复制"图层2"为"图层2副本"，利用移动工具将复制的图像移动到图5-59所示的位置。

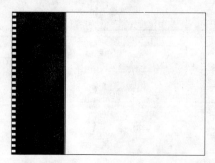

图5-58 复制并排列矩形

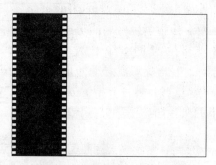

图5-59 复制齿孔效果

（8）为了便于定位，先选择"视图"→"清除参考线"命令，清除以前设置的参考线，然后创建新的参考线，如图5-60所示。

（9）选择"文件"→"打开"命令，打开一幅建筑图像，单击工具箱中的"移动工具"按钮 ，将图片移至图5-61所示的图像文件中，自动生成"图层3"。

图5-60 创建新的参考线

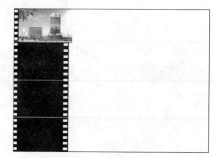

图5-61 移动图片

（10）按Ctrl+T组合键，缩放图片到适当的大小，并放置到合适的位置，按Enter键确认操作，如图5-62所示。

（11）用相同的方法，导入多幅图像到图5-63所示的图像文件中，调整图像到适当的大小，然后选择"视图"→"清除参考线"命令，清除所有的参考线，按Ctrl+R组合键隐藏标尺，此时的"图层"面板如图5-64所示。

图5-62 调整图片的大小及位置

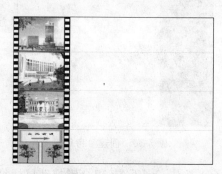

图5-63 导入图片

（12）再次利用工具箱中的矩形工具在图像中绘制图 5-65 所示的选区。

图 5-64　"图层"面板

图 5-65　绘制矩形选区

（13）新建"图层 7"，将前景色设置为橘红色（R：230，G：149，B：33），背景色设置为白色（R：255，G：255，B：255），然后单击工具箱中的"渐变工具"按钮，其属性栏设置如图 5-66 所示，在选区中单击并从左上角向右下角拖曳进行填充，然后取消选区，效果如图 5-67 所示。

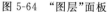

图 5-66　渐变工具属性栏

图 5-67　渐变填充的效果

（14）按 Ctrl＋O 组合键，打开图 5-68 所示的图像文件。

图 5-68　打开图像文件

（15）利用移动工具将其拖动到图5-67所示的图像中，按Ctrl＋T组合键执行自由变换命令，对其大小和位置进行适当的调整，效果如图5-69所示。

图5-69　调整图像大小及位置的效果

（16）单击工具箱中的"椭圆选框工具"按钮 ○，按住Shift键在图像中创建一正圆选区，按Ctrl＋Alt＋D组合键执行羽化选区命令，将羽化半径设置为8像素，如图5-70所示。

图5-70　创建的正圆选区

（17）新建"图层9"，将前景色设置为黄色（R：223，G：230，B：33），按Alt＋Delete组合键填充选区，效果如图5-71所示。

图5-71　填充选区

（18）打开一幅人物图像，利用工具箱中的"魔棒工具"按钮，将图像中的人物图像选取，并将其复制到图 5-71 所示的图像中，调整大小和位置，效果如图 5-72 所示。

图 5-72　复制人物的效果

（19）单击工具箱中的"文字工具"按钮 **T**，其属性栏设置如图 5-73 所示，将其中字体的颜色设置为绿色。

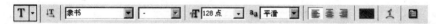

图 5-73　文字工具属性栏

（20）单击，在图像中输入文字"海西花园"，效果如图 5-74 所示，在"图层"面板中会自动生成文字图层，如图 5-75 所示。

图 5-74　输入文字的效果

图 5-75　"图层"面板

（21）选中文字所在的图层，单击"图层"面板底部的"添加图层样式"按钮 **fx**，在弹出的下拉菜单中选择"斜面和浮雕"命令，弹出"图层样式"对话框，设置参数如图 5-76 所示。

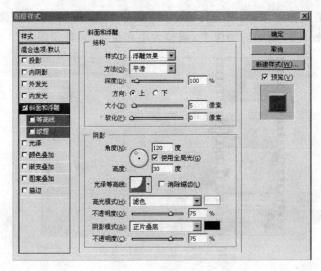

图 5-76　"图层样式"对话框

（22）设置完成后，单击"确定"按钮，效果如图 5-77 所示。

图 5-77　给文字添加浮雕效果

（23）再输入红色文字"打造海西最大的惠民生活社区"，在图层样式下拉菜单中选择"投影"命令，为文字添加阴影，效果如图 5-78 所示。

图 5-78　文字的阴影效果

（24）新建"图层 11"，将前景色设置为白色，单击工具箱中的"铅笔工具"按钮 ✎，然后按住 Shift 键在图像中绘制一条直线，如图 5-79 所示。

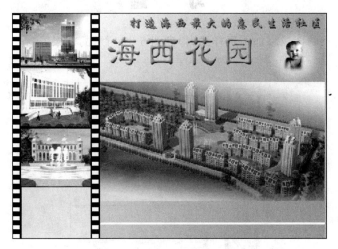

图 5-79   绘制白色直线的效果

（25）再次利用工具箱中的文字工具，在新建图像中输入其他文字信息，最终效果如图 5-80 所示。

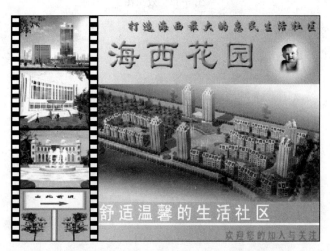

图 5-80   房地产广告的设计效果

小   结

本章主要介绍了图层的应用，包括"图层"面板的使用、图层的基本操作、图层混合模式及图层样式的应用效果。通过学习，用户可学会创建和使用图层，了解在图像处理过程中，图层的重要性和使用的普遍性，从而能更有效地编辑和处理图像。另外，通过对图层特殊样式和图层混合模式的学习，用户可以创建出绚丽多彩的图像效果。

习　题

给图 5-81 所示的图像添加图层样式,得到图 5-82 所示的效果。

图层样式

图 5-81　原图

图层样式

图 5-82　效果图

第 6 章

通道与蒙版的应用

通道的主要功能是保存颜色数据,同时也可以用来保存和编辑选区。通道的功能很强大,因而在制作图像特效方面应用广泛,但同时也最难于理解和掌握。

蒙版用于控制图像的显示区域,可以隐藏不想显示的区域,但不会将内容从图像中删除。蒙版与通道有着密不可分的联系。

学习要点

- 通道的基本概念
- 通道的操作
- 蒙版的应用

学习任务

任务一　制作撕纸效果

任务二　通道抠图

6.1　通道的基本概念

通道主要用于存储图像中的颜色数据,一幅图像通过多个通道显示其中的色彩,不同的色彩模式,其颜色通道数不等。如一幅 RGB 模式的图像共有 4 个默认通道,即红、绿、蓝和一个用于编辑图像的复合通道(RGB 通道),如图 6-1 所示。对通道的操作具有独立性,可以针对每个通道调整色彩、处理图像及使用各种滤镜效果。

图 6-1　图像的色彩通道

Photoshop CS5 中的通道有以下特点。

(1)所有的通道都是 8 位灰度图像,总共能够显示 256 种灰度色。

（2）每个图像文件中所包含的颜色通道和 Alpha 通道的总数不能超过 24 个。

（3）所有新建的通道都具有同源图像文件相同的尺寸和像素数。

（4）可以指定每个通道的名称、颜色、不透明度和蒙版属性。

（5）能够在 Alpha 通道中使用画笔和编辑工具对其进行编辑操作。

在"通道"面板中可以同时将一幅图像所包含的通道全部显示出来，还可以通过面板对通道进行各种编辑操作，如通道的创建、删除、存储、隐藏等。打开一幅图像文件后，系统会

图 6-2 "通道"面板

自动在"通道"面板中建立颜色通道，单击浮动面板组中的"通道"标签，即可打开"通道"面板，如果在 Photoshop 界面中找不到该面板，可以通过选择"窗口"→"通道"命令将其打开，如图 6-2 所示。

单击 ◯ 按钮，可以将通道作为选区载入图像，也可以按住 Ctrl 键在面板中单击需要载入选区的通道来载入通道选区。

单击 ◻ 按钮，可将当前的选区存储为通道，存储后的通道将显示在"通道"面板中。

单击 ⬛ 按钮，可创建新的通道，如果同时按住 Alt 键单击该按钮，则可以在弹出的对话框中设置新建通道的参数；如果同时按住 Ctrl 键击该按钮，则可以创建新的专色通道。

单击 🗑 按钮，可删除当前所选的通道。

👁 按钮表示当前通道是否可见。隐藏该图标，表示该通道为不可见状态；显示该图标，表示该通道为可见状态。

单击"通道"面板右上角的 ▾≡ 按钮，可弹出图 6-3 所示的"通道"面板菜单，其中包含了有关对通道的操作命令。此外，还可以选择"通道"面板菜单中的"调板选项"命令，在弹出的"通道调板选项"对话框中调整每个通道缩览图的大小，如图 6-4 所示。

图 6-3 "通道"面板菜单

图 6-4 "通道调板选项"对话框

 注意

　　在编辑通道的过程中，不要轻易地修改原色通道，如果必须要修改，最好将原色通道复制后在其副本上进行修改。

6.2　通道的操作

通道的基本操作主要包括通道的创建、复制、删除、存储及通道与选区之间的转换等,这些操作主要通过"通道"面板来完成。

6.2.1　新建通道

单击"通道"面板右上角的 ▼≡ 按钮,从弹出的面板菜单中选择"新建通道"命令,即可弹出"新建通道"对话框,如图 6-5 所示。

在"名称"文本框可设置新通道的名称,如果不输入,则 Photoshop 会自动按 Alpha 1、Alpha 2 等来命名。

在"色彩指示"选项区中可以选择新通道的颜色显示方式。选中"被蒙版区域"单选按钮,新建的通道中有颜色的区域代表被遮盖的范围,而没有颜色的区域为选区;选中"所选区域"单选按钮,新建的通道中没有颜色的区域代表被遮盖的范围,而有颜色的区域则为选区。

在"颜色"选项区中可设置显示蒙版的颜色与不透明度。默认状态下,该颜色为半透明的红色。

单击"确定"按钮,可在"通道"面板中新建一条通道,并且该通道会自动设为当前作用通道,如图 6-6 所示。

图 6-5　"新建通道"对话框

图 6-6　建立新通道

技巧:按住 Alt 键的同时单击"创建新通道"按钮 ,也可弹出"新建通道"对话框。

6.2.2　复制和删除通道

保存了一个选区后,对该选区进行编辑时,通常要先将该通道的内容复制后再编辑,以免编辑后不能还原。复制通道的操作方法如下。

(1) 先选中要复制的通道,然后在"通道"面板菜单中选择"复制通道"命令,弹出"复制通道"对话框,如图 6-7 所示。

(2) 在"为"文本框中可设置通道的名称。

(3) 在"文档"下拉列表中可选择要复制的文件,默认为通道所在的图像文件。

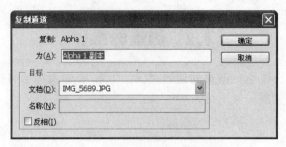

图 6-7 "复制通道"对话框

（4）选中"反相"复选框，复制通道时将会把通道内容反相显示。

（5）单击"确定"按钮，可复制通道。

为了节省硬盘的存储空间，提高程序的运行速度，可以删除一些没有用的通道，删除的方法有以下 3 种。

（1）选择要删除的通道，在"通道"面板菜单中选择"删除通道"命令即可。

（2）选择要删除的通道，在"通道"面板底部单击"删除当前通道"按钮 🗑，可弹出图 6-8 所示的提示框。单击"是"按钮，删除通道。

（3）将通道直接拖至"通道"面板底部的"删除当前通道"按钮 🗑 上删除。

如果要删除某个原色通道，则会弹出图 6-9 所示的提示框。询问是否要删除原色通道，单击"是"按钮删除通道。

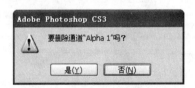

图 6-8 删除通道提示框

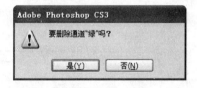

图 6-9 删除原色通道提示框

6.2.3 存储通道

并不是所有的图像文件中都包含通道信息，因此在存储文件时，如果希望将通道进行存储，则应选择能存储通道的文件格式，如 PSD、DCS、PICT、TIFF 等。

6.2.4 选区与通道之间的转换

在 Photoshop CS5 中可以将选区转换为通道，也可将通道转换为选区。

1. 将选区保存为通道

在图像中创建需要保存的选区，在"通道"面板底部单击"将选区存储为通道"按钮 📷，选区就会保存为 Alpha 通道，如图 6-10 所示。

也可以通过菜单命令来完成此操作。选择"选择"→"存储选区"命令，可弹出"存储选区"对话框，如图 6-11 所示。

在"文档"下拉列表中可选择选区所要保存的目的文件。可以是当前文件，也可以是其他打开的图像文件，但其他图像文件的大小与模式必须与当前文件的大小与模式相同。

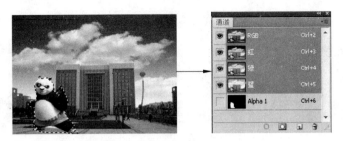

图 6-10   将选区保存为通道

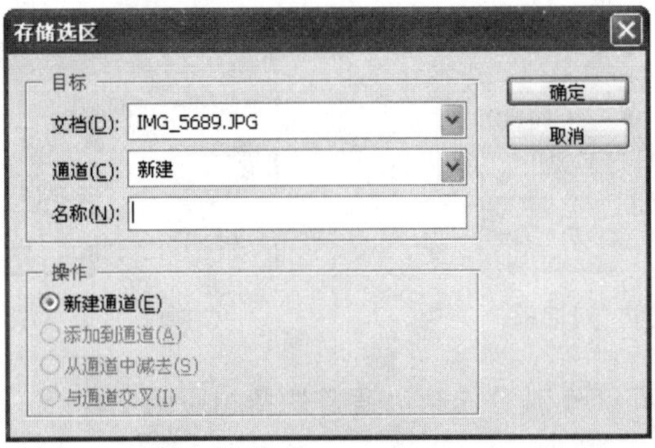

图 6-11   "存储选区"对话框

在"通道"下拉列表中可选择选区所要保存的通道位置。

在"名称"文本框中可输入新通道的名称。

如果要将选区存储到已有的通道中,则可以在"操作"选项区中选择选区的组合方式。

单击"确定"按钮,即可将选区保存为 Alpha 通道。

2. 将通道载入选区

选中要载入的 Alpha 通道,然后在"通道"面板底部单击"将通道作为选区载入"按钮,或选择"选择"→"载入选区"命令,都可将所选的通道载入选区。

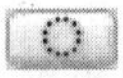

6.2.5   分离与合并通道

利用"通道"面板菜单中的"分离通道"命令,可以将图像中的各个通道分离出来,使其各自成为一个单独的文件。使用此命令时的图像必须是只含有一个背景图层的图像。如果当前图像含有多个图层,则要先合并图层,否则无法使用此命令。

选择"分离通道"命令后,每个通道都会从原图像中分离出来,分离后的各个文件都将以单独的窗口显示在屏幕上。这些图像均为灰度图像,不含任何色彩,如图 6-12 所示。

分离后的通道可以分别进行编辑与修改操作。修改完后,可选择"通道"面板菜单中的"合并通道"命令重新合并成一幅图像。其操作方法如下。

(1) 在"通道"面板菜单中选择"合并通道"命令,可弹出"合并通道"对话框,如图 6-13 所示。

(2) 在此对话框中可以选择一种颜色模式,在"通道"文本框中可输入通道的数目。

(3) 单击"确定"按钮,可弹出"合并 RGB 通道"对话框,如图 6-14 所示。

(a)　　　　　　　　　　　(b)　　　　　　　　　　　(c)

图 6-12　分离后的通道

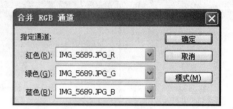

图 6-13　"合并通道"对话框　　　　　　　　图 6-14　"合并 RGB 通道"对话框

（4）在此对话框中可以分别为三原色通道选择相应的文件。一般使用默认值，单击"确定"按钮，将通道合并。

6.2.6　专色通道

在 Photoshop CS5 中除可以新建 Alpha 通道外，还可以新建专色通道。专色是特殊的预混油墨，可用于替代或补充印刷色（CMYK）油墨。当将一个包含专色通道的图像进行打印输出时，这个专色通道会成为一张单独的页被打印出来。

要创建专色通道，首先在"通道"面板菜单中选择"新建专色通道"命令，或按住 Ctrl 键的同时单击"创建新通道"按钮，弹出"新建专色通道"对话框，如图 6-15 所示。

在"名称"文本框中可设置新建专色通道的名称。如果不输入，Photoshop 会自动依次命名为专色 1，专色 2，……，单击"颜色"右侧的颜色块，可从弹出的"拾色器"对话框中选择油墨的颜色，在"密度"文本框中可输入 0～100％的值来确定油墨的密度。

单击"确定"按钮，完成专色通道的创建，如图 6-16 所示。

图 6-15　"新建专色通道"对话框　　　　　　图 6-16　创建的专色通道

选择"通道"面板菜单中的"合并专色通道"命令,可将专色通道与其他通道合并。由于专色通道没有完全相对应的 RGB 和 CMYK 颜色,因此,合并时会损失一些信息。具体的合并方法如下。

(1) 打开一幅图像,使用文字工具在图像中输入文字,如图 6-17 所示。

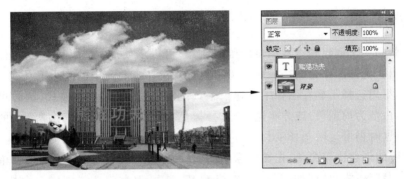

图 6-17   打开图像并输入文字

(2) 按住 Ctrl 键单击文字缩览图,将文字载入选区,然后新建一个专色通道,此时图像与"通道"面板如图 6-18 所示。

图 6-18   新建专色通道

(3) 选择"通道"面板菜单中的"合并专色通道"命令,弹出一个提示框,如图 6-19 所示。

(4) 单击"确定"按钮,合并专色通道到图像中,此时文字将融合到图像中,效果如图 6-20 所示。

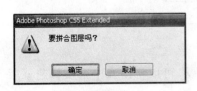

图 6-19   合并图层提示框

图 6-20   合并专色通道后的效果

6.3 蒙版的应用

蒙版分为快速蒙版、通道蒙版和图层蒙版,本节将详细介绍。

6.3.1 使用快速蒙版

快速蒙版是用于创建和查看图像的临时蒙版,可以不使用"通道"面板而将任意选区作为蒙版来编辑。把选区作为蒙版的好处是可以运用 Photoshop 中的绘图工具或滤镜对蒙版进行调整,如果用选择工具在图像中创建一个选区后,进入快速蒙版模式,这时可以用画笔来扩大(选择白色为前景色)或缩小选区(选择黑色为前景色),也可以用滤镜中的命令来修改选区,并且这时仍可运用选择工具进行其他操作。

快速蒙版的创建比较简单,先在图像中创建任意选区(见图 6-21(a)),然后单击工具箱中的"以快速蒙版模式编辑"按钮 ,或按 Q 键,都可为当前选区创建一个快速蒙版,如图 6-21(b)所示。

(a)   (b)

图 6-21　创建快速蒙版

从图 6-21 可以看出,选区外的部分被某种颜色覆盖并保护起来(在默认的情况下是透明度为 50％的红色),而选区内的部分仍保持原来的颜色,这时可以对蒙版进行扩大、缩小等操作。另外,在"通道"面板的最下方将出现一个"快速蒙版"通道,如图 6-22 所示。

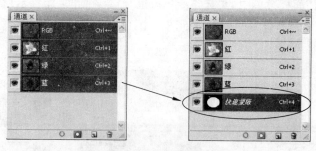

图 6-22　添加快速蒙版的效果

操作完毕后,单击工具箱中的"以普通模式编辑"按钮 ,可以将图像中未被快速蒙版保护的区域转化为选区。

如果对蒙版编辑时进行了各种模糊处理,那么该蒙版中灰度值小于 50％的图像区域将会转化为选区。此时,可以对选区中的图像进行各种编辑操作,且各操作只对选区中的图像有效。

下面通过一个例子介绍快速蒙版的使用方法,具体的操作步骤如下。

(1) 打开一幅图像,利用矩形选框工具在其中创建选区,如图 6-23 所示。

(2) 单击工具箱中的"以快速蒙版模式编辑"按钮  ,为创建的选区添加快速蒙版,如图 6-24 所示。

图 6-23　打开图像并创建选区　　　　　图 6-24　添加快速蒙版

(3) 选择"滤镜"→"素描"→"影印"命令,弹出"影印"对话框,设置参数如图 6-25 所示,然后单击"确定"按钮,效果如图 6-26 所示。

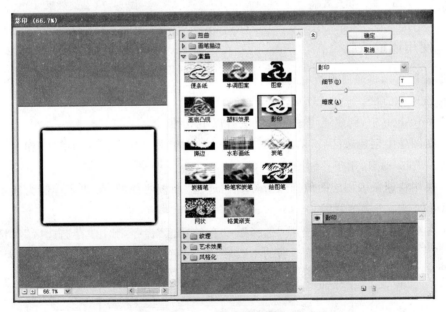

图 6-25　"影印"对话框

(4) 单击工具箱中的"以普通模式编辑"按钮 ,转换到普通模式,效果如图 6-27 所示。

(5) 按 Ctrl+Shift+I 组合键反选选区,并用白色填充选区,效果如图 6-28 所示。

(6) 按 Ctrl+D 组合键取消选区,单击工具箱中的"文字工具"按钮 T,在图像中输入白色文字"画中画",最终的效果如图 6-29 所示。

图 6-26　影印滤镜的效果

图 6-27　转换到普通模式的效果

图 6-28　填充效果

图 6-29　最终效果

6.3.2　使用通道蒙版

　　通道蒙版可以将通道蒙版中的选区保存下来,它为用户提供了一种快捷、灵活的存储和选择图像选区的方法。

　　在 Photoshop 中,创建通道蒙版的方法有以下 3 种。

　　(1) 在图像中创建选区后,单击"通道"面板底部的"将选区存储为通道"按钮 ▣ ,即可创建一个 Alpha 通道,用于存储图像选区。

　　(2) 使用快速蒙版创建图像选区后,单击"通道"面板底部的"将选区存储为通道"按钮 ▣ ,即可创建一个通道蒙版。

　　(3) 在图像中创建选区后,选择"选择"→"存储选区"命令,弹出"存储选区"对话框,如图 6-30 所示,在该对话框中设置适当的参数后,单击"确定"按钮,即可将选区保存为通道。

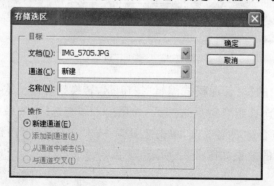

图 6-30　"存储选区"对话框

在图像中创建通道蒙版后,可以使用工具箱中的绘图工具、调整命令和滤镜命令等来编辑通道蒙版。通道蒙版的编辑主要针对 Alpha 通道,Alpha 通道中的选区可以随时调用,而不用重复选取。

6.3.3 使用图层蒙版

图层蒙版用于控制图层中的不同区域如何被显示或隐藏。通过使用图层蒙版,可以将需要处理部分以外的图像保护起来,以免其在处理图像时受到影响。蒙版和选取范围有着紧密的联系,它们之间可以相互转换。

1. 创建图层蒙版

图层蒙版的创建方法有很多,下面介绍几种常用的创建方法。

(1)选中需要创建蒙版的图层,单击“图层”面板底部的“添加图层蒙版”按钮 ,即可为所选的图层添加图层蒙版,如图 6-31 所示。

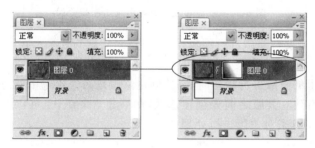

图 6-31   图层蒙版的创建

> **注意**
>
> 蒙版必须在普通图层中使用,在背景图层中不能创建蒙版。

(2)选择“图层”→“图层蒙版”命令,在弹出的子菜单(见图 6-32)中选择相应的命令即可为图层添加相应的蒙版。

2. 删除图层蒙版

当不再需要使用蒙版时,可以先选中需要删除蒙版的图层,再选中图层蒙版图标,用鼠标将它拖动到“删除图层”按钮上,可弹出提示框,如图 6-33 所示。单击“应用”按钮,蒙版将应用到图层;单击“取消”按钮,将放弃删除操作;单击“删除”按钮,蒙版将被删除,而不会影响图层中的图像。

图 6-32   添加图层蒙版子菜单

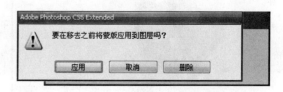

图 6-33   应用蒙版提示框

3. 链接和取消链接图层与图层蒙版

当用户新建一个蒙版后，在图层缩略图后面出现一个蒙版缩略图，中间有一个链接符号，此时，图层与蒙版是处于链接状态的。单击链接符号，符号消失，图层与蒙版处于分离状态。图 6-34(a)为链接图层与图层蒙版，图 6-34(b)为取消图层与图层蒙版之间的链接关系。

(a)　　　　　　　　(b)

图 6-34　链接和取消链接图层与图层蒙版

创建好蒙版后，需要对蒙版进行编辑操作，以达到满意的效果。在编辑过程中应注意以下事项。

(1) 在对图层上的蒙版进行操作时，需要确定蒙版是否处于选中状态。

(2) 可以在没有建立蒙版之前先创建选区，然后建立蒙版，也可以在建立了蒙版之后，用工具箱中的某些工具来对蒙版进行处理。

6.4　任务实现

6.4.1　制作撕纸效果

利用所学的知识制作撕纸效果，操作步骤如下。

(1) 新建一个图像文件，设置背景为白色，再打开一幅图像，使用移动工具将其移至新建的图像文件中，自动生成图层 1，调整图层 1 中图像的大小，如图 6-35 所示。

(2) 确认图层 1 为当前图层，设置前景色为棕色(R：105，G：49，B：50)，选择"编辑"→"描边"命令，弹出"描边"对话框，设置参数如图 6-36 所示。

 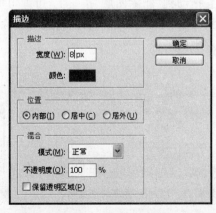

图 6-35　调整图像　　　　　　　　　图 6-36　"描边"对话框

（3）单击"确定"按钮，描边后的效果如图 6-37 所示。

（4）选择"图层"→"图层样式"→"投影"命令，弹出"图层样式"对话框，设置参数如图 6-38 所示。

图 6-37　描边后的效果

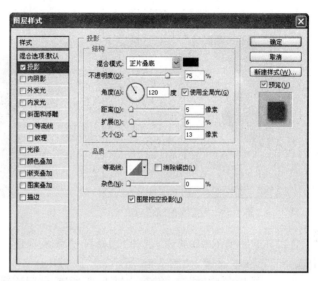

图 6-38　投影选项参数设置

（5）单击"确定"按钮，即可为图像添加投影效果，如图 6-39 所示。

（6）在"通道"面板底部单击"创建新通道"按钮 ，新建 Alpha 1 通道，如图 6-40 所示。

图 6-39　添加投影效果

图 6-40　新建通道

（7）单击工具箱中的"套索工具"按钮 ，在图像中创建选区，如图 6-41 所示。

（8）设置前景色为白色，按 Alt＋Delete 组合键填充选区，如图 6-42 所示。

图 6-41　创建选区

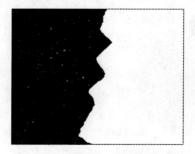

图 6-42　填充选区及通道面板

（9）按 Ctrl＋D 组合键取消选区，选择"滤镜"→"像素化"→"晶格化"命令，弹出"晶格化"对话框，设置参数如图 6-43 所示。

（10）单击"确定"按钮，应用晶格化滤镜后的效果如图 6-44 所示。

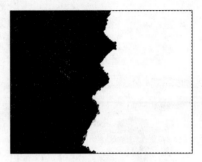

图 6-43　"晶格化"对话框　　　　　　　图 6-44　使用晶格化滤镜的效果

（11）返回到 RGB 通道，选择"选择"→"载入选区"命令，可弹出"载入选区"对话框，从中选择 Alpha 1 通道，如图 6-45 所示。

（12）单击"确定"按钮，将载入 Alpha 1 通道，使用移动工具移动选区，效果如图 6-46 所示。

（13）按 Ctrl＋D 组合键取消选区，撕纸效果制作完成，最终效果如图 6-47 所示。

图 6-45　"载入选区"对话框　　　图 6-46　移动选区　　　图 6-47　最终效果

6.4.2　通道抠图

利用所学的知识进行通道抠图，操作步骤如下。

图 6-48　素材图像

（1）选择"文件"→"打开"命令，打开素材文件，如图 6-48 所示。

（2）按 Ctrl＋J 组合键，将背景图层复制一份，如图 6-49 所示。

（3）选择磁性套索工具，围绕人物创建大致的选区，如图 6-50 所示。

（4）选择多边形套索工具，配合使用 Shift＋Alt 组合键，调整选区，效果如图 6-51 所示。

图 6-49　复制图层

图 6-50　创建选区

图 6-51　调整选区

（5）右击，在弹出的快捷菜单中选择"存储选区"命令，切换至"通道"面板，可以看到存储的选区，如图 6-52 所示，按 Ctrl＋D 组合键取消选择。

（6）因为蓝通道对比最强烈，所以选择蓝通道，如图 6-53 所示。

（7）复制蓝通道，得到"蓝副本"通道，如图 6-54 所示。

图 6-52　存储选区

图 6-53　选择蓝通道

图 6-54　复制蓝通道

（8）按 Ctrl＋L 组合键，在弹出的"色阶"对话框中调整色阶参数，如图 6-55 所示。

（9）单击"确定"按钮，效果如图 6-56 所示。

（10）按住 Ctrl 键，同时单击 Alpha 1 通道，载入通道选区，如图 6-57 所示。

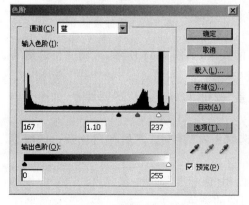

图 6-55　"色阶"对话框

图 6-56　调整后的效果

图 6-57　载入通道选区

（11）按 Ctrl＋Delete 组合键，将选区填充为黑色，如图 6-58 所示。

（12）按 Ctrl＋D 组合键，取消选择，按住 Ctrl 键，同时单击"蓝副本"通道，载入选区，如图 6-59 所示。

（13）返回"图层"面板，按 Delete 键删除人物背景，如图 6-60 所示。

图 6-58　填充黑色　　　　　图 6-59　载入选区　　　　　图 6-60　"图层"面板

（14）选择"文件"→"打开"命令，打开素材图像，如图 6-61 所示。

（15）将素材图像添至文件中，调整大小及位置，并放置在"背景副本"图层的下方，如图 6-62 所示。

图 6-61　素材图像　　　　　　　　　图 6-62　添加素材图像

（16）在图像窗口中可以看到人物更换背景后的效果，如图 6-63 所示，人物头部边缘有很多的白色杂边，下面进行去除。

（17）选择"背影副本"图层，单击"锁定透明像素"按钮，以锁定图层透明像素，如图 6-64 所示。

（18）选择"画笔"工具，按住 Alt 键在图像中选取头发的颜色，然后在白色杂边区域涂抹，以消除白色杂边，如图 6-65 所示。

（19）选择"图层 1"，选择"图像"→"调整"→"色相/饱和度"命令，在弹出的"色相/饱和度"对话框设置参数，如图 6-66 所示，以调整背景图像的颜色。

图 6-63　更换人物背景后的效果

图 6-64　锁定透明像素

图 6-65　消除白色杂边

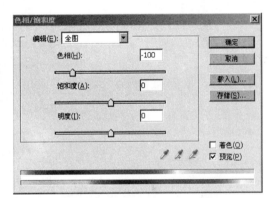

图 6-66　调整色相/饱和度

（20）单击"确定"按钮，得到图 6-67 所示的颜色调整效果。

（21）移动人物至合适位置，人物背景更换完成，最终效果如图 6-68 所示。

图 6-67　调整颜色后的效果

图 6-68　通道抠图的效果

小　结

本章主要介绍了通道与蒙版的基本功能与操作方法。通过学习,用户应该对通道与蒙版有更深的了解,并通过蒙版的编辑和使用,可以制作出漂亮的文字或图像效果。

习　题

1. 新建一幅图像,利用通道制作如图 6-69 所示的文字效果。

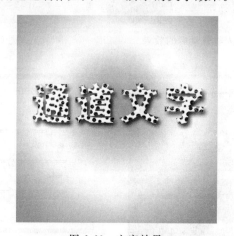

图 6-69　文字效果

2. 使用通道调整图像的颜色,如图 6-70 所示。

原图　　　　　　　　　　效果图

图 6-70　调整颜色的效果

第**7**章

路径与形状的应用

形状和路径是 Photoshop 可以建立的两种矢量图形。由于是矢量图形,因此可以自由地缩小或放大,而不影响其分辨率,还可以输出到 Illustrator 矢量图形软件中进行编辑。

学习要点

- 路径的概念
- 常用的创建路径工具
- 编辑路径
- 路径与形状的应用

学习任务

任务　制作水晶苹果效果

7.1　路径的概念

路径是 Photoshop CS5 的重要工具之一,利用路径工具可以绘制各种复杂的图形,并能够生成各种复杂的选区。灵活、巧妙地使用路径工具往往可以使设计得到事半功倍的效果。

所谓路径,是指使用钢笔、自由钢笔工具等绘制的任何线条或形状。路径工具可以绘制精确的选区边界。

若要显示"路径"面板,可选择"窗口"→"路径"命令,如图 7-1 所示,利用该面板可对路径进行填充、描边、保存等操作,并且可以在选区和路径之间进行相互转换。

"路径"面板的中间是"工作路径"列表,列出了当前工作路径的缩略图及名称。可以双击路径名,在弹出的"重命名路径"对话框中输入新的路径名称。

"路径"面板的下方有 6 个按钮,其中大多数按钮的功能与"路径"面板菜单中的功能相对应,具体介绍如下:

单击 ● 按钮,可用前景色填充路径包围的区域。

单击 ○ 按钮,可用描绘工具对路径进行描边处理。

单击 ○ 按钮,可将当前绘制的封闭路径转换为选区。

单击 ◇ 按钮,可将图像中创建的选区直接转换为工作路径。

单击 ▣ 按钮,可在"路径"面板中创建新的路径。

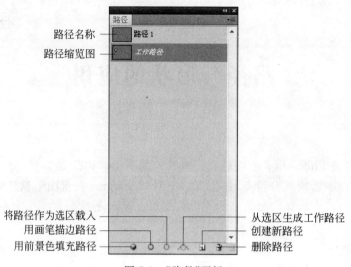

路径名称
路径缩览图

将路径作为选区载入
用画笔描边路径
用前景色填充路径

从选区生成工作路径
创建新路径
删除路径

图 7-1 "路径"面板

单击 ![]按钮,可将当前路径删除。

单击"路径"面板右上角的 ▼≡按钮,可弹出图 7-2 所示的"路径"面板菜单,其中包含了所有用于路径的操作命令,如新建、复制、删除、填充和描边路径等。另外,可以选择"路径"面板菜单中的命令,在弹出的"路径调板选项"对话框(见图 7-3)中调整路径缩览图的大小。

图 7-2 "路径"面板菜单

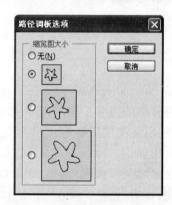

图 7-3 "路径调板选项"对话框

7.2 常用的创建路径工具

在 Photoshop CS5 中,常用的创建路径工具有钢笔工具、自由钢笔工具、形状工具 3 种。下面将具体介绍如何利用这些工具来创建路径。

7.2.1 钢笔工具

钢笔工具是一种特殊的工具,它可以创建精确的直线和平滑流畅的曲线,但是用它绘制出的矢量图形是不含任何像素的。单击工具箱中的"钢笔工具"按钮 ，其属性栏如图 7-4 所示。

图 7-4　钢笔工具属性栏

钢笔工具属性栏中的选项介绍如下。

：单击此按钮表示在使用钢笔工具绘制图形后，不但可以绘制路径，还可以创建一个新的形状图层。形状图层可以理解为带形状剪贴路径的填充图层，图层中间的填充色默认为前景色，如图 7-5 所示。

图 7-5　使用钢笔工具绘制形状剪贴路径

：单击此按钮表示使用钢笔工具绘制某个路径后只产生形状所在的路径，而不产生形状图层，如图 7-6 所示。

图 7-6　使用钢笔工具绘制路径

：单击此按钮表示填充像素。该按钮只有在当前工具是某个形状工具时才能被激活。使用某一种形状工具绘图时，既不产生形状图层也不产生路径，但会在当前图层中绘制一个有前景色填充的形状，如图 7-7 所示。

：单击此按钮可进行增加路径操作，即在原有路径的基础上绘制新的路径，如图 7-8 所示。

：单击此按钮可进行减去路径操作，即在原有路径的基础上绘制新的路径，最终的路径是原有路径减去原有路径与新绘制路径的相交部分，如图 7-9 所示。

：单击此按钮可进行相交路径操作，即在原有路径的基础上绘制新的路径，最终的路径是原有路径与新绘制路径交叉的部分，如图 7-10 所示。

图 7-7　使用钢笔工具绘制图形

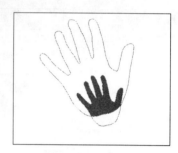

图 7-8　添加路径　　　　　图 7-9　减去路径　　　　　图 7-10　交叉路径

📑：单击此按钮可对路径进行镂空操作，即在原有路径的基础上绘制新的路径，最终的路径是原有路径与新绘制路径的组合，但必须减去两者的相交部分，如图 7-11 所示。

🖊🖊▢◻◻◯◯◥🖼▾：此组按钮可用来在各种形状工具之间进行相互切换。

"自动添加/删除"：选中该复选框，在绘制形状时可以自动添加或删除节点。

使用钢笔工具创建路径的具体方法如下。

（1）在工具栏中选择钢笔工具🖊，移动鼠标指针到图像窗口，单击，以此确定线段的起始锚点。

📋技巧：如果要使绘制的直线路径呈垂直方向、水平方向或 45°角方向，可以在绘制直线的同时按住 Shift 键。

（2）移动鼠标指针到下一锚点单击就可以得到第二个锚点，这两个锚点之间会以直线连接，如图 7-12 所示。

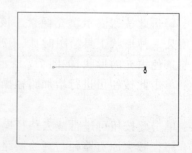

图 7-11　减去重叠部分路径　　　　　　　图 7-12　绘制的直线路径

（3）继续单击其他要设置节点的位置，在当前节点和前一个节点之间以直线连接。如果要绘制曲线路径，将指针拖移到另一位置，然后按左键拖动鼠标，即可绘制平滑曲线路径，如图 7-13 所示。

（4）将钢笔指针放在起始锚点处，使指针变为 ♢。形状，然后单击，即可绘制封闭的路径，如图 7-14 所示。

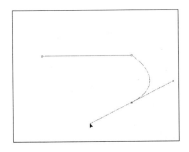

图 7-13　绘制的曲线路径

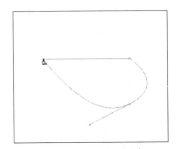

图 7-14　绘制的封闭路径

7.2.2　自由钢笔工具

使用自由钢笔工具就像用钢笔在纸上绘画一样绘制路径，一般用于较简单路径的绘制。用此工具创建路径时，无须指定其具体位置，它会自动确定锚点。单击工具箱中的"自由钢笔工具"按钮 ，其属性栏如图 7-15 所示。

图 7-15　自由钢笔工具属性栏

其属性栏中只有"磁性的"复选框与钢笔工具属性栏的选项不同，选中此复选框，绘制路径时会在路径上自动附着带有磁性的锚点。

使用自由钢笔工具绘制路径很简单，在图像窗口中适当位置处单击并拖动就可以创建所需要的路径，释放鼠标按键完成路径的绘制。如果要绘制封闭的路径，将鼠标指针放在起始锚点处，使指针变为 ♢。形状，然后单击，即可绘制封闭的路径，如图 7-16 所示。

图 7-16　使用自由钢笔工具绘制路径

7.2.3　形状工具

使用形状工具可以绘制各种各样的形状，还可将绘制的形状转换为路径。这样对于绘制一些特定的路径就非常方便了。

将绘制的形状转换为路径的方法很简单，这里以自定形状工具为例进行讲解。

（1）单击钢笔工具属性栏中的"自定形状工具"按钮 ，或单击工具箱中的"自定形状工具"按钮 ，其属性栏如图 7-17 所示。

（2）在属性栏中单击"形状"选项右侧的三角形按钮 ，可在弹出的下拉列表中选择 ●形

图 7-17　自定形状工具属性栏

状,然后在图像中拖动鼠标绘制形状,如图 7-18 所示。

(3) 单击工具箱中的"直接选择路径工具"按钮 ，在图像中绘制的形状上的任意位置单击,此时绘制的形状如图 7-19 所示。

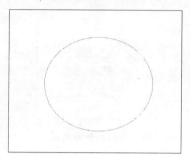

图 7-18　绘制的形状

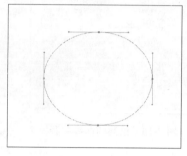

图 7-19　使用直接选择路径工具单击形状后的效果

(4) 用鼠标在路径中的锚点上单击并拖动,即可修改路径锚点,修改后的路径效果如图 7-20 所示。

在属性栏中单击"形状"选项右侧的三角形按钮 ，可弹出如图 7-21 所示的形状列表框,在其中还可选择其他比较复杂的形状来绘制路径。

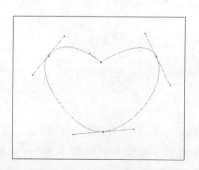

图 7-20　修改后的形状路径

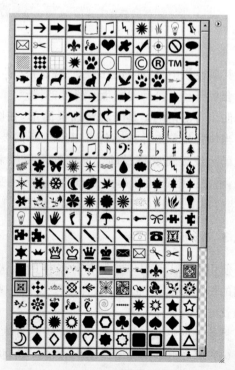

图 7-21　形状列表框

7.2.4 编辑锚点工具

编辑锚点工具包含在钢笔工具组中,其中有添加锚点工具、删除锚点工具和转换锚点工具 3 种。下面将以图 7-22 所示的路径进行介绍。

1. 添加锚点

单击工具箱中的"添加锚点工具"按钮 ,将鼠标指针放在需要添加锚点的路径上,当鼠标指针变为 形状时单击,即可在图 7-23 所示路径上添加一个新的锚点,效果如图 7-23 所示。

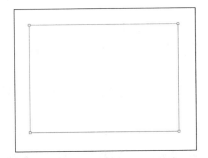

图 7-22　绘制的示例路径

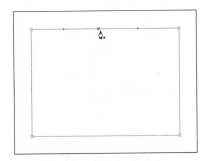

图 7-23　添加新锚点

2. 删除锚点

单击工具箱中的"删除锚点工具"按钮 ,将鼠标指针放在路径中需要删除的锚点上,当指针变为 形状时单击鼠标左键,即可删除图 7.23 所示的路径上的锚点,效果如图 7-24 所示。

3. 转换锚点

单击工具箱中的"转换锚点工具"按钮 ,将鼠标指针放在路径中需要转换的锚点上,当指针变为 形状时单击并拖动,即可转换路径上的锚点,效果如图 7-25 所示。

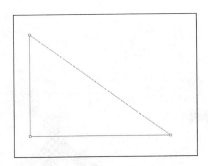

图 7-24　删除路径中右上角的锚点

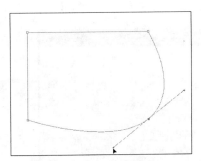

图 7-25　转换路径上的锚点

7.3　编辑路径

绘制完路径后,可将路径转换为选取范围来进行各种编辑,也可以通过填充或描边的方式为路径添加颜色。路径的编辑主要包括选择路径、填充路径、描边路径及将路径转换为选区等。

7.3.1　选择路径

单击工具箱中的"直接路径选择工具"按钮 ，可用来移动路径中的锚点和线段，也可以调整方向线和方向点，在调整时对其他的点或线无影响。

用直接路径选择工具选择路径有以下 3 种方法。

（1）若要选择整条路径，在选择路径的同时按住 Alt 键，然后单击该路径。

（2）直接用鼠标拖曳出一个选框围住要选择的路径部分。

（3）若要连续选择多个路径，可在选择时按住 Shift 键，然后单击需要选择的每一个路径。

使用直接路径选择工具还可以调整和删除线段，下面将具体介绍。

（1）若要调整直线段，可单击工具箱中的"直接路径选择工具"按钮 ，选择要调整的线段，然后用鼠标选择一个锚点进行拖移，可以调整线段的角度和长度。

（2）若要调整曲线段，可单击工具箱中的"直接路径选择工具"按钮 ，选择要调整的曲线段或点，然后用鼠标拖移锚点，或拖移方向点。

（3）若要删除路径，可单击工具箱中的"直接路径选择工具"按钮 ，选择要删除的曲线或直线段，然后按 Backspace 键或按 Delete 键都可删除所选的线段，继续按 Backspace 键或按 Delete 键可删除余下的路径。

7.3.2　填充路径

填充路径可按指定的颜色、图像或图案填充路径区域，具体的操作方法如下。

（1）在"路径"面板中选择需要填充的路径后，单击路径面板右上角的 按钮，在弹出的"路径"面板菜单中选择"填充路径"命令，可弹出"填充路径"对话框，如图 7-26 所示。

（2）在该对话框中，单击"使用"选项右侧的三角形按钮 ，可在弹出的下拉列表中设置填充路径样式，如图 7-27 所示。设置好各项参数后，单击"确定"按钮即可填充路径。图 7-28 所示为使用图案填充路径的效果。

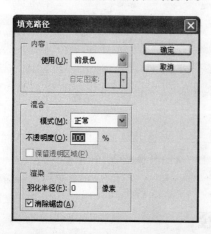

图 7-26　"填充路径"对话框

图 7-27　选择填充路径
样式下拉列表

图 7-28　用图案填充路径的效果

7.3.3　描边路径

在 Photoshop CS5 中，可使用画笔、橡皮擦和图章等工具来描边路径，具体的操作方法如下。

（1）在"路径"面板中选择需要描边的路径后，单击路径面板右上角的 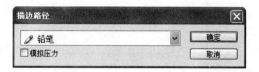 按钮，在弹出的"路径"面板菜单中选择"描边路径"命令，可弹出"描边路径"对话框，如图 7-29 所示。

图 7-29　"描边路径"对话框

（2）在该对话框中，单击 铅笔 选项右侧的三角形按钮，可在弹出的下拉列表中选择用来描边的工具，如图 7-30 所示。设置好各项参数后，单击"确定"按钮即可描边路径。图 7-31 所示的为使用画笔描边路径的效果。

图 7-30　描边工具下拉列表

图 7-31　用画笔工具描边路径的效果

还可以直接在工具箱中单击"画笔工具"按钮 ，在其属性栏中设置好各属性，然后单击"路径"面板底部的"用画笔描边路径"按钮 ，即可对路径进行描边。

7.3.4　路径与选区的转换

将路径转换为选区的方法有以下 4 种。

（1）在"路径"面板上选择需要转换的路径，然后单击"将路径作为选区载入"按钮 ，即可将该路径转换为选区。

（2）用鼠标直接将需要转换的路径拖动到"将路径作为选区载入"按钮 上，也可将路径转换为选区。

（3）选择需要转换的路径，然后单击"路径"面板右上角的 按钮，在弹出的"路径"面板菜单中选择"建立选区"命令，可弹出"建立选区"对话框，如图 7-32 所示。在该对话框中可设置需要转换的路径所在选区的相关参数，单击"确定"按钮，即可将路径转换为选区。

(4) 按住 Ctrl 键的同时单击"路径"面板上需要转换的路径,即可快速地将路径转换为选区,效果如图 7-33 所示。

 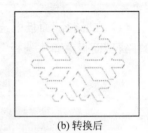

(a) 转换前　　　　　　　　　　(b) 转换后

图 7-32　"建立选区"对话框　　　　图 7-33　将路径转换为选区的前后效果对比

若要将创建的选区转换为路径,单击"路径"面板底部的"从选区生成工作路径"按钮即可。

7.4　任务实现

利用所学的知识制作水晶苹果效果,操作步骤如下。

(1) 按 Ctrl+N 组合键,在弹出的"新建"对话框中设置参数,如图 7-34 所示,单击"确定"按钮,新建一个图像文件。

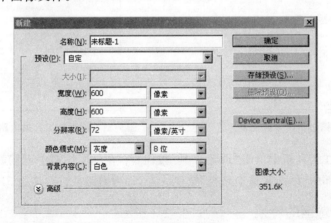

图 7-34　"新建"对话框

(2) 单击工具箱中的"钢笔工具"按钮 ,在新建的图像中绘制如图 7-35 所示的路径。

(3) 单击工具箱中的"直接选择工具"按钮 ,调整路径中各个锚点的位置,再单击工具箱中的"转换点工具"按钮 ,在图像中调整路径的形状,如图 7-36 所示。

(4) 在"图层"面板底部单击"创建新图层"按钮 ,创建"图层 1",如图 7-37 所示。

(5) 在"路径"面板底部单击"将路径作为选区载入"按钮 ,将路径转换为选区,如图 7-38 所示。

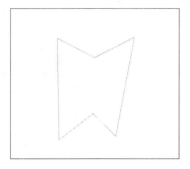

图 7-35　创建路径

图 7-36　调整后的路径

图 7-37　创建"图层 1"

图 7-38　路径转换为选区

（6）设置前景色为（R：240，G：0，B：0），按 Alt＋Delete 组合键填充选区，效果如图 7-39 所示。

（7）单击工具箱中的"减淡工具"按钮 ，在图像中绘制图 7-40 所示的高光。

（8）单击工具箱中的"加深工具"按钮 ，在图像中设置暗色色彩，如图 7-41 所示。

图 7-39　填充选区

图 7-40　绘制高光

图 7-41　绘制暗调色彩

（9）按 Ctrl＋D 组合键取消选区。

（10）单击工具箱中的"钢笔工具"按钮 ，在图像中绘制苹果柄的路径，如图 7-42 所示。

（11）调整苹果柄的路径，再将路径转换为选区，如图 7-43 所示。

（12）在"图层"面板底部单击"创建新图层"按钮 ，创建"图层 2"，如图 7-44 所示。

图 7-42　创建苹果柄的路径　　　图 7-43　调整苹果柄的位置　　　图 7-44　创建"图层 2"

（13）设置前景色为（R：119，G：75，B：3），按 Alt＋Delete 组合键填充前景色，效果如图 7-45 所示。

（14）使用加深工具 和减淡工具 调整苹果柄的暗调与高光，如图 7-46 所示。

（15）按 Ctrl＋D 组合键取消选区，单击工具箱中的"橡皮擦工具"按钮 ，设置属性栏中"模式"为铅笔，制作苹果柄的效果如图 7-47 所示。

图 7-45　填充苹果柄选区　　　图 7-46　调整苹果柄的暗调与高光　　　图 7-47　擦除效果

（16）单击工具箱中的"钢笔工具"按钮 ，在图像中绘制苹果叶子的路径，如图 7-48 所示。

（17）调整苹果叶子的路径，再将路径转换为选区，如图 7-49 所示。

（18）设置前景色为（R：0，G：117，B：6），按 Alt＋Delete 组合键填充选区，如图 7-50 所示。

图 7-48　创建苹果叶子的路径　　　图 7-49　调整路径并转换为选区　　　图 7-50　填充叶子的颜色

（19）使用加深工具色画出叶子的纹理和暗调,使用减淡工具设置叶子的高光,效果如图 7-51 所示。

（20）按 Ctrl＋D 组合键取消选区,合并图层,最终效果如图 7-52 所示。

图 7-51　设置暗调和高光　　　　　　　　图 7-52　水晶苹果的效果

小　　结

本章主要介绍了"路径"面板、路径的创建及路径的编辑等应用功能与操作方法。通过学习,读者应熟练使用创建路径工具创建所需的路径,并利用编辑路径工具对所创建的路径进行编辑。另外,还可在"路径"面板中将创建的路径转换为选区,或对路径进行描边和填充,这也是该项目的重点。

习　　题

利用钢笔工具将图 7-53 所示的小狗轮廓勾选出来,并将勾选的轮廓路径转换为选区,再将背景填充为白色,其效果如图 7-54 所示。

图 7-53　原图像　　　　　　　　　图 7-54　效果图

第 **8** 章

文字的设计

在平面设计中,文字一直是画面不可缺少的元素,好的文字布局和设计有时会起到画龙点睛的作用。对于商业平面作品而言,文字更是不可缺少的内容,只有通过文字点缀和说明,才能清晰、完整地表达作品的含义。

学习要点

- 输入文字
- 设置文字的属性
- 文字图层的编辑

学习任务

任务一　制作贴图字母
任务二　制作显示器广告

8.1　输入文字

在 Photoshop CS5 中,使用文字工具不仅可以输入横向或纵向的文字,还可以输入横向或纵向的文字选区。按住工具箱中的"横排文字工具"按钮 T,可弹出如图 8-1 所示的文字工具组。

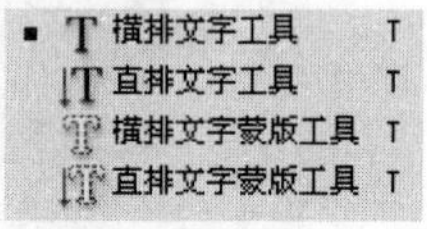

T 横排文字工具	T
IT 直排文字工具	T
横排文字蒙版工具	T
直排文字蒙版工具	T

图 8-1　文字工具组

"横排文字工具"按钮 T:单击此按钮,可以在图像中输入横向的文字效果。

"直排文字工具"按钮 IT:单击此按钮,可以在图像中输入纵向的文字效果。

"横排文字蒙版工具"按钮:单击此按钮,可以在图像中输入横向的文字选区。

"直排文字蒙版工具"按钮:单击此按钮,可以在图像中输入纵向的文字选区。

8.1.1　点文字

点文字是一种不能自动换行的单行文字,文字行的长度会随着输入文本长度的增加而增加,若要进行换行操作,可按 Enter 键。其通常用于输入名称、标题和一些简短的广告语等。

在 Photoshop CS5 中,可利用工具箱中的横排文字工具或直排文字工具来创建点文字,具体的操作方法如下。

（1）单击工具箱中的"横排文字工具"按钮 T，其属性栏如图 8-2 所示。

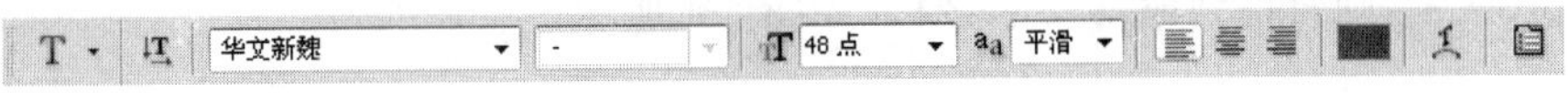

图 8-2　文字工具属性栏

其各选项的含义如下。

T：单击此按钮，可以在横排文字和竖排文字之间进行切换。

在 华文彩云 下拉列表中可以设置字体的样式，字体的选项取决于系统装载字体的类型。

在 80点 下拉列表中可以设置字体的大小，也可以直接在文本框中输入要设置字体的大小。

在 锐利 下拉列表中可设置不同的消除锯齿方法。其中包括"无"、"锐利"、"犀利"、"浑厚"、"平滑"5 个选项。字号较大时效果比较明显。

该组按钮可以设置文字的对齐方式。从左至右分别为左对齐文本、居中对齐文本、右对齐文本。

：单击此按钮，弹出"拾色器"对话框，在其中可以选择输入文字的颜色。

：单击此按钮，弹出"变形文字"对话框，在其中可以设置文字的不同变形效果。

：单击此按钮，可以显示或隐藏字符和段落面板。

（2）设置完成后，在图像中需要输入文字的位置单击，将出现一个闪烁的光标，然后输入所需的文字即可，效果如图 8-3 所示。

图 8-3　输入点文字的效果

（3）输入完成后，单击其他工具，或按 Ctrl＋Enter 组合键，可以退出文字的输入状态。

8.1.2　段落文本

段落文字最大的特点就是在段落文本框中创建，根据外框的尺寸在段落中自动换行，常用于输入画册、杂志和报纸等排版使用的文字。其具体的操作方法如下。

（1）单击工具箱中的"横排文字工具"按钮 T 或"直排文字工具"按钮 T，在其属性栏中

设置相关的参数。

（2）设置完成后，在图像窗口中按下鼠标左键并拖曳出一个段落文本框，当出现闪烁的光标时输入文字，则可得到段落文字，效果如图8-4所示。

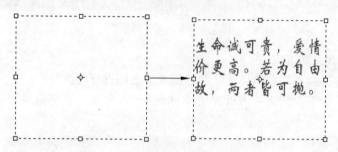

图8-4　段落文字的效果

与点文字相比，段落文字可设置更多种对齐方式，还可以通过调整文本框使段落文本倾斜排列或使文本框的大小发生变化。将鼠标指针放在段落文本框的控制点上，当指针变成形状时，可以很方便地调整段落文本框的大小，效果如图8-5所示。当指针变成形状时，可以对段落文本进行旋转，如图8-6所示。

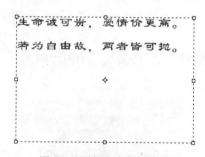

图8-5　调整文本框的大小

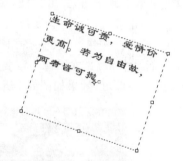

图8-6　旋转文本框

8.1.3　创建文字选区

利用文字蒙版工具可以像创建选区工具一样在图像中创建文字选区，还可以对其进行填充、移动、复制、描边等操作，而且也可以存储为 Alpha 通道，常用于制作特殊的文字效果。

单击工具箱中的"横排文字蒙版工具"按钮，可创建水平方向的文字选区；单击"直排文字蒙版工具"按钮，可创建垂直方向的文字选区。这两个工具的属性栏和使用方法都与上述的横排文字工具和直排文字工具相同，这里不再赘述。图8-7所示为创建横排文字和直排文字选区的效果。

提示：在使用横排文字蒙版工具与直排文字蒙版工具创建文字的过程中，图像将自动进入快速蒙版的编辑状态，只有确认当前文本的创建后，方可退出快速蒙版的编辑状态。

8.1.4　点文字与段落文字的转换

转换点文字和段落文字的具体方法如下。

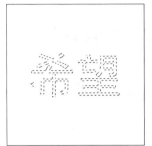

图 8-7　创建横排文字与直排文字选区的效果

（1）将点文字转换为段落文字，可方便用户在定界框内调整排列字符。在转换过程中，每一行文字将会被作为一个段落。在"图层"面板中选择要转换的点文字图层，选择"图层"→"文字"→"转换为段落文本"命令即可。

（2）将段落文字转换为点文字。在"图层"面板中选择要转换的段落文字图层，选择"图层"→"文字"→"转换为点文本"命令即可。

在将段落文字转换为点文字的过程中，系统会在每行文字的末尾添加一个换行符，使其成为独立的文本行。另外，在转换前如果段落文字图层中的某些文字超出外框范围，则此部分文字在转换过程中将会被删除。

8.1.5　创建路径文字

在 Photoshop CS5 中可以将文字沿着路径放置，这样极大地完善了 Photoshop 在文字输入方面的不足。其具体的操作方法如下。

（1）打开一幅图像，单击工具箱中的"钢笔工具"按钮 ，在图像中创建如图 8-8 所示的路径。

（2）单击工具箱中的"横排文字工具"按钮 ，将鼠标指针移动到路径的起点，当指针变为 形状时单击，出现闪烁的光标时输入文字，如图 8-9 所示。

（3）得到的最终效果如图 8-10 所示。另外，还可以通过改变路径的形状来改变文字的效果。

图 8-8　创建路径

图 8-9　输入文字

图 8-10　路径文字的效果

8.2 设置文字的属性

在 Photoshop 中,可以通过"字符"面板和"段落"面板来精确地控制文字的属性。"字符"面板主要用于控制文字本身的大小、行距、颜色、基线偏移等,而"段落"面板则用于控制文字的对齐方式、缩进等。

8.2.1 "字符"面板

选择"窗口"→"字符"命令,弹出"字符"面板,如图 8-11 所示,在此面板中可以设置文字的各种属性。

字符面板中的部分选项介绍如下。

在 黑体 下拉列表中,可以设置输入文字的字体。

在 80点 下拉列表中,可以设置输入文字的字体大小。

在 (自动) 下拉列表中,可以设置文字行与行之间的距离。

图 8-11 "字符"面板

在 100% 文本框中输入数值,可以设置文字在垂直方向上缩小或放大。当输入的数值大于 100％时,文字会在垂直方向上放大,当输入的数值小于 100％时,文字会在垂直方向上缩小。

在 100% 文本框中输入数值,可以设置文字在水平方向上缩小或放大。当输入的数值大于 100％时,文字会在水平方向上放大,当输入的数值小于 100％时,文字会在水平方向上缩小。

在 0% 下拉列表中,可以调整所选择的字符的比例间距。

在 0 下拉列表中,可以调整两个相邻字符的距离,但在文字被选中时无效。

在 0点 文本框中输入数值,可设置文字相对于基线进行上下偏移。文本框内数值为正值时向上偏移,为负值时向下偏移。

8.2.2 "段落"面板

选择"窗口"→"段落"命令,弹出"段落"面板,如图 8-12 所示,在此面板中可以对段落文本进行格式编辑。

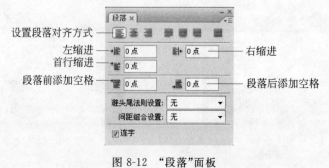

图 8-12 "段落"面板

"段落"面板中的部分选项介绍如下。

在 ▪框 [0点] 文本框中输入数值,可以调整文本相对于文本输入框左边的距离。

在 框▪ [0点] 文本框中输入数值,可以调整文本相对于文本输入框右边的距离。

在 ▪框 [0点] 文本框中输入数值,可以调整段落中的第一行文本相对于文本输入框左边的距离。

在 框 [0点] 文本框中输入数值,可以设置当前段落与前一个段落之间的距离。

在 框 [0点] 文本框中输入数值,可以设置当前段落与后一个段落之间的距离。

选中"连字"复选框,在输入英文时可以使用连字符连接单词。

8.3　文字图层的编辑

利用文字工具在图像中输入文字后,在"图层"面板中会自动生成一个文字图层。可对文字图层进行栅格化、将文字转换为路径、将文字转换为形状及变形等操作,下面进行具体介绍。

8.3.1　栅格化文字

在 Photoshop CS5 中,有时想要为文字添加各种图像效果,但输入的文字本身不具有图像的属性,就需要将创建的文字图层转换为普通图层,然后再对其进行各种操作。此时文字图层所用的图层样式并不受影响,在转换后仍可以进行修改。具体的操作方法如下。

(1) 单击工具箱中的"横排文字工具"按钮 T,在其属性栏中设置相关的属性,然后在图像中输入文字,如图 8-13 所示。

图 8-13　输入的文字及其"图层"面板

(2) 选择"图层"→"栅格化"→"文字"命令,即可将文字图层转换为普通图层,"图层"面板如图 8-14 所示。

(3) 单击工具箱中的"矩形选框工具"按钮 ▢,在图像中创建一个矩形选区,如图 8-15 所示。

(4) 选择"滤镜"→"扭曲"→"水波"命令,弹出"水波"对话框,从中设置参数,如图 8-16 所示。

设置完成后,单击"确定"按钮,按 Ctrl+D 组合键取消选区,效果如图 8-17 所示。

图 8-14　"图层"面板

图 8-15　创建的矩形选区

图 8-16　"水波"对话框

图 8-17　水波滤镜的效果

8.3.2　文字与路径

在 Photoshop CS5 中，可在图像中的文字边缘处加上一个与文字形状相同的路径，可利用路径工具对其进行修改，从而制作出一些特殊的文字效果。具体的操作方法如下。

（1）按 Ctrl＋N 组合键，弹出"新建"对话框，其参数设置如图 8-18 所示。

图 8-18　"新建"对话框

（2）单击工具箱中的"横排文字工具"按钮 **T.**，其属性栏设置如图 8-19 所示，将字体的颜色设置为红色。

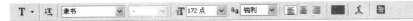

图 8-19　横排文字工具属性栏

（3）设置完成后，在图像中输入文字"我很想飞"，效果如图 8-20 所示。

（4）选择"图层"→"文字"→"创建工作路径"命令，则在文字周围产生一个与文字形状相同的路径，如图 8-21 所示。

我很想飞	我很想飞
图 8-20　输入文字的效果	图 8-21　创建文字形状的路径

（5）确定文字图层为当前图层，选择"图层"→"删除"→"图层"命令，删除文字图层，得到的效果如图 8-22 所示。

（6）单击工具箱中的"画笔工具"按钮 **✎**，在其属性栏中单击"切换画笔面板"按钮 **▤**，打开"画笔"面板，具体的参数设置如图 8-23 所示。

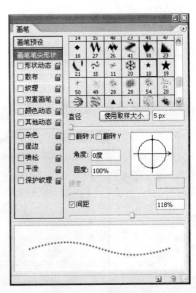

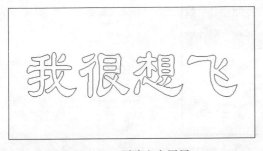

图 8-22　删除文字图层　　　　　　图 8-23　"画笔"面板

（7）设置前景色为绿色，单击"路径"面板底部的"画笔描边路径"按钮 **◯**，得到图 8-24 所示的效果。

（8）在"路径"面板中选择所创建的文字形状的路径层，单击"路径"面板底部的"删除当前路径"按钮 ，删除该路径，最终效果如图 8-25 所示。

图 8-24　描边路径的效果 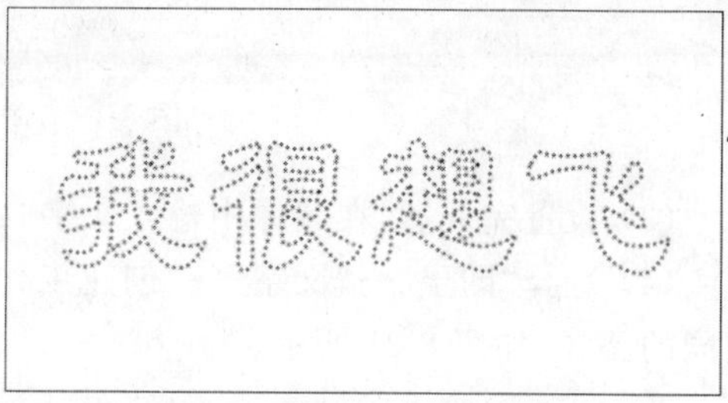　　　　图 8-25　特殊文字的效果

8.3.3　文字与形状

在 Photoshop CS5 中还可将图像中的文字转换为形状，其操作方法如下。

（1）在图像中输入文字，选择"图层"→"文字"→"转换为形状"命令，即可将文字转换为形状。

（2）将文字转换为形状之后，可以对其进行形状图层的一些操作，还可以对其设置样式，如图 8-26 所示。

图 8-26　文字转换为形状并对其设置样式

8.3.4　变形文字

变形文字可以实现一些特殊的效果。单击文字工具属性栏中的"创建变形文本"按钮，弹出"变形文字"对话框，如图 8-27 所示。在此对话框中可以设置文字的形状。

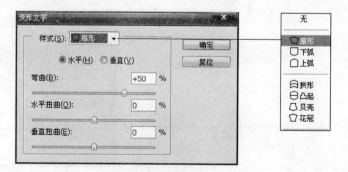

图 8-27　"变形文字"对话框

选中"水平"单选按钮，文字将沿水平方向变形。

选中"垂直"单选按钮，文字将沿垂直方向变形。

"弯曲"：该选项可以设置文字弯曲的程度。可以通过在后面的文本框中输入数值来设

置，也可以通过拖动滑块来调整。

“水平扭曲”：该选项可以设置文字在水平方向的透视扭曲程度。可以通过在后面的文本框中输入数值来调整，也可以通过拖动滑块来调整。

“垂直扭曲”：该选项可以设置文字在垂直方向的透视扭曲程度。可以通过在后面的文本框中输入数值来调整，也可以通过拖动滑块来调整。

图 8-28 所示为部分文字的变形效果。

(a) 原图　(b) 扇形
(c) 贝壳　(d) 旗帜
(e) 挤压　(f) 扭转

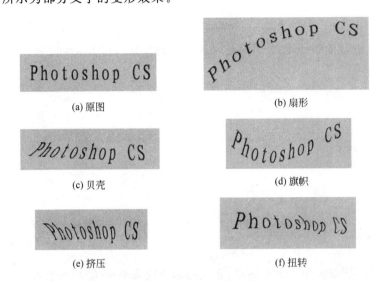

图 8-28　文字的变形效果

8.4　任务实现

8.4.1　制作贴图字母

利用所学的知识制作贴图字母，操作步骤如下。

(1) 选择“文件”→“新建”命令，弹出“新建”对话框，如图 8-29 所示设置参数，单击“确定”按钮，新建一个图像文件。

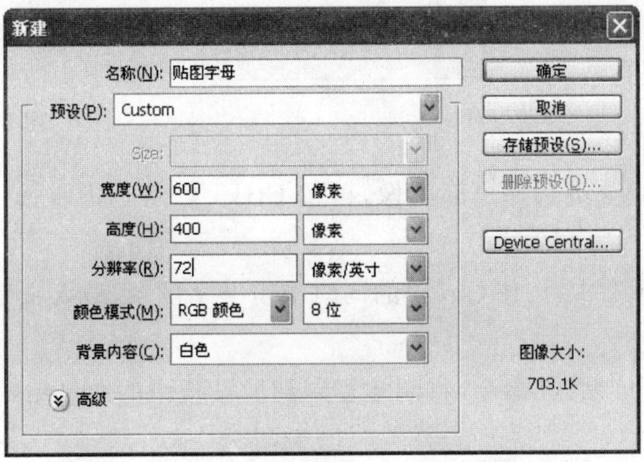

图 8-29　“新建”对话框

（2）单击工具箱中的"文字工具"按钮 T，文字工具的属性栏设置如图 8-30 所示。

图 8-30　文字工具属性栏

（3）在新建的画布中输入文字"TEA"，按 Ctrl＋Enter 组合键确认操作，文字效果如图 8-31 所示。

（4）按 Ctrl＋T 组合键对文字进行自由变换，在文字的周围出现变换框，拖动变换框上的控制点对文字进行变换操作，并将其移动到合适的位置。按 Enter 键确认操作，变换后的效果如图 8-32 所示。

图 8-31　输入文字

图 8-32　自由变换后的文字效果

（5）右击"图层"面板中的文字图层，在弹出的快捷菜单中选择"栅格化文字"命令，将文字图层转换为可编辑的普通图层，如图 8-33 所示。

（6）选择"文件"→"打开"命令，打开一幅图片，如图 8-34 所示。

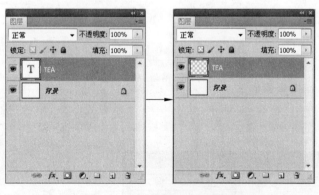

图 8-33　"图层"面板对比效果

图 8-34　打开图片

（7）按 Ctrl＋A 组合键选择全部图像，再按 Ctrl＋C 组合键将选中的图像复制到剪贴板中。

（8）返回新建的画布中，按住 Ctrl 键的同时单击文字图层，载入文字选区，效果如图 8-35 所示。

（9）选择"编辑"→"贴入"命令，将刚才复制到剪贴板中的图像粘贴到文字选区中，效果如图 8-36 所示。

图 8-35　载入文字选区　　　　　　　　　图 8-36　效果图及其"图层"面板

　　（10）将前景色设为红色，在"图层"面板中单击背景图层，然后按 Alt＋Delete 组合键进行填充，效果如图 8-37 所示。
　　（11）按住 Ctrl 键的同时单击文字图层，再次载入文字选区，效果如图 8-38 所示。

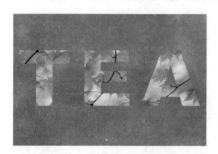
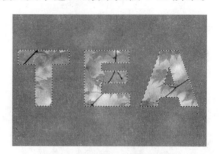

图 8-37　填充背景的效果　　　　　　　　　图 8-38　载入文字选区

　　（12）选择"编辑"→"描边"命令，弹出"描边"对话框，如图 8-39 所示设置参数。单击"确定"按钮，按 Ctrl＋D 组合键取消选区，效果如图 8-40 所示。

图 8-39　"描边"对话框　　　　　　　　　图 8-40　描边后的效果

　　（13）将文字图层作为当前工作层，单击"图层"面板底部的"添加图层样式"按钮 *fx.*，弹出"图层样式"对话框，如图 8-41 所示设置参数。
　　（14）设置完成后，单击"确定"按钮，最终效果如图 8-42 所示。

8.4.2　制作显示器广告

　　利用所学的知识制作显示器广告，操作步骤如下。
　　（1）选择"文件"→"新建"命令，在弹出的"新建"对话框中设置参数，如图 8-43 所示。单击"确定"按钮，新建一个文件。

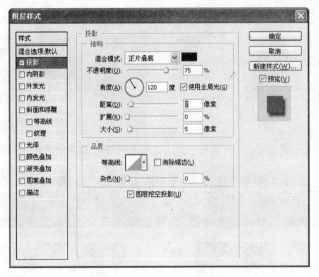

图 8-41　"图层样式"对话框

图 8-42　贴图字母的效果

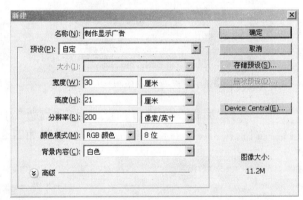

图 8-43　"新建"对话框

（2）单击"文件"→"打开"命令，打开一张素材图像，将素材图像放置在新建的文件中，自动生成"图层 1"，如图 8-44 所示，调整至合适的大小及位置，如图 8-45 所示。

图 8-44　生成"图层 1"

图 8-45　移图像并调整其位置

（3）选择矩形选框工具，绘制两个矩形，如图 8-46 所示。

（4）设置"前景色"为墨绿（R：24，G：75，B：58），按 Alt＋Delete 组合键，填充颜色，效果如图 8-47 所示。

图 8-46　绘制矩形选区

图 8-47　填充颜色

（5）使用同样的方法绘制矩形选框并填充白色（R：255，G：255，B：255），如图 8-48 所示。

（6）选择"文件"→"打开"命令，打开一张显示器素材图像，如图 8-49 所示。

图 8-48　绘制白色矩形框

图 8-49　素材图像

（7）选用磁性套索工具，配合使用多边形套索工具，框选显示器，如图 8-50 所示。

（8）单击并拖曳，将显示器放置到图像编辑窗口，调整至合适的大小及位置，如图 8-51 所示。

图 8-50　框选显示器

图 8-51　添加显示器素材

（9）选择工具箱钢笔工具，单击工具选项栏中的"路径"按钮，绘制一条路径，如图 8-52 所示。

图 8-52　绘制一条路径

（10）选择文字工具，放置鼠标指针至路径上方，当鼠标指针显示为形状 [] 时单击，确定插入点，在工具选项栏设置各参数，如图 8-53 所示。

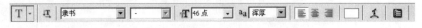

图 8-53　工具选项栏

（11）输入文字"高清画质，引领时尚新潮流"，可以看到文字沿着路径排列，效果如图 8-54 所示。

图 8-54　输入文字

（12）单击"添加图层样式"按钮 *fx.*，在弹出的"图层样式"对话框中设置参数，如图 8-55 所示。

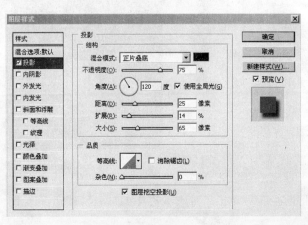

图 8-55　"图层样式"对话框

（13）单击"确定"按钮，添加阴影效果，如图 8-56 所示。

（14）选取矩形工具 ▣，绘制一个矩形，如图 8-57 所示。

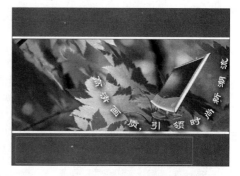

图 8-56　添加阴影　　　　　　　　　　　　　　图 8-57　绘制一个矩形

（15）选取文字工具，在矩形内单击，确定插入点，输入其他文字，效果如图 8-58 所示。

图 8-58　输入其他文字

（16）切换至通道面板，在空白区域单击，隐藏路径，效果如图 8-59 所示。

图 8-59　隐路径

（17）选择"文件"→"打开"命令，打开一张角度不同的显示器素材图像，如图 8-60 所示。

（18）使用同样的方法，将素材添加至文件中，如图 8-61 所示。

图 8-60　素材图像

图 8-61　添加素材

（19）输入其他文字，显示器广告完成，效果如图 8-62 所示。

图 8-62　显示器广告的效果

小　结

本项目主要介绍了 Photoshop CS5 中文字工具的使用方法、文字的编辑等知识。通过学习，读者应熟悉使用文字工具在图像中输入点文字和段落文字的方法，以及设置其属性和文字特殊样式的方法。通过学习，可以使读者熟练地使用文字工具为图像添加文字效果，并且很好地搭配文字与图像色彩，制作出完美的图像效果。

习　题

练习使用"文字转换为路径"命令，并对转换后的文字路径进行编辑。

第 **9** 章

滤镜的应用

滤镜是 Photoshop CS5 的"万花筒",可以在顷刻之间完成许多令人眼花缭乱的特殊效果,如指定印象派画或马赛克拼贴外观,或者添加独一无二的光照和扭曲等。Photoshop CS5 的所有滤镜都按类别放置在"滤镜"菜单中,使用时只需选择这些滤镜命令即可。

学习要点

- 滤镜应用基础
- 像素化滤镜组
- 扭曲滤镜组
- 杂色滤镜组
- 模糊滤镜组
- 渲染滤镜组
- 画笔描边滤镜组
- 素描滤镜组
- 纹理滤镜组
- 艺术效果滤镜组
- 锐化滤镜组
- 风格化滤镜组
- 其他滤镜组
- 插件滤镜的使用

学习任务

任务一　为图像添加浪漫雪花
任务二　制作摩托车宣传广告

9.1　滤镜应用基础

Photoshop CS5 提供了近百种滤镜,它们都包含在"滤镜"菜单中,如图 9-1 所示。利用滤镜可以为图像添加各种特效。

滤镜的使用方法与其他工具有一些差别,下面先对相关的事项进行介绍。

图 9-1 "滤镜"菜单

（1）上一次选取的滤镜将出现在菜单顶部，按Ctrl＋F组合键，可以快速重复使用该滤镜，若要使用新的设置选项，需要在对话框中设置。

（2）按 Esc 键，可以放弃当前正在应用的滤镜。

（3）按 Ctrl＋Z 组合键，可以还原滤镜的操作。

（4）按 Ctrl＋Alt＋F 组合键，可以显示最近应用的滤镜对话框。

（5）滤镜可以应用于可视图层。

（6）不能将滤镜应用于位图模式或索引颜色的图像。

（7）有些滤镜只对 RGB 图像产生作用。

在为图像添加滤镜效果时，通常会占用计算机系统的大量内存，特别是在处理高分辨率的图像时就更加明显，可以使用以下方法进行优化。

（1）在处理大图像时，先在图像局部添加滤镜效果。

（2）如果图像很大，且有内存不足的问题时，可以将滤镜效果应用于图像的单个通道。

（3）关闭其他应用程序，以便为 Photoshop 提供更多的可用内存。

（4）如果要打印黑白图像，最好在应用滤镜之前，先将图像的一个副本转换为灰度图像。

如果将滤镜应用于彩色图像后再转换为灰度，则所得到的效果可能与该滤镜直接应用于此图像的灰度图的效果不同。

9.2　像素化滤镜组

像素化滤镜组主要是通过将相似颜色值的像素转化成单元格而使图像分块或平面化。选择"滤镜"→"像素化"命令，将弹出图 9-2 所示的子菜单。

9.2.1　彩色半调滤镜

使用彩色半调滤镜可以在图像中的每个通道上添加一层半调网点的效果。选择"滤镜"→"像素化"→"彩色半调"命令，弹出"彩色半调"对话框，如图 9-3 所示。

图 9-2 "像素化滤镜"子菜单

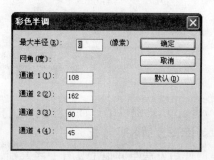

图 9-3 "彩色半调"对话框

在"最大半径"文本框中输入数值,可设置网点的大小,也可通过拖动下面的滑块进行设置。

在"网角(度)"下面所代表的 4 个通道文本框中输入数值,可设置挂网角度。

设置好参数后,单击"确定"按钮即可。图 9-4 所示为使用彩色半调滤镜前后的效果对比。

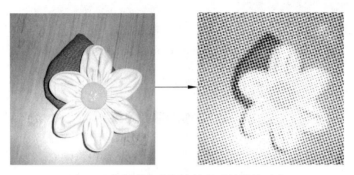

图 9-4　使用彩色半调滤镜前后的效果对比

9.2.2　点状化滤镜

点状化滤镜可将图像中的颜色分散为随机分布的网点,且用背景色来填充网点之间的区域,从而实现点描画的效果。

打开一幅图像,选择"滤镜"→"像素化"→"点状化"命令,可在弹出的"点状化"对话框中设置"单元格大小"数值,设置好参数后,单击"确定"按钮。使用点状化滤镜前后的效果对比如图 9-5 所示。

图 9-5　使用点状化滤镜前后的效果对比

9.2.3　马赛克滤镜

马赛克滤镜可以使图像中颜色相似的像素结合形成单一颜色的方块,产生马赛克拼图的效果。

打开一幅图像,选择"滤镜"→"像素化"→"马赛克"命令,可在弹出的"马赛克"对话框中设置"单元格大小"数值,设置好参数后,单击"确定"按钮。使用马赛克滤镜前后的效果对比如图 9-6 所示。

图 9-6　使用马赛克滤镜前后的效果对比

9.3　扭曲滤镜组

　　扭曲滤镜组主要通过对图像进行扭曲变形等操作为图像整形,从而产生特殊的效果,是一组功能强大的滤镜。选择"滤镜"→"扭曲"命令,弹出如图 9-7 所示的子菜单。

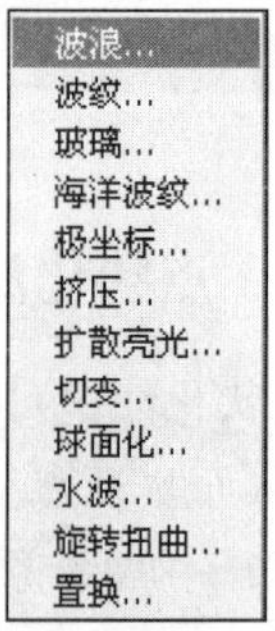

9.3.1　切变滤镜

　　切变滤镜可以在垂直方向上按设定的弯曲路径来扭曲图像。打开图 9-8 所示的图像,选择"滤镜"→"扭曲"→"切变"命令,弹出"切变"对话框,如图 9-9 所示,在"未定义区域"选项区中设置对扭曲后的图像的空白区域的填充方式,设置好参数后,单击"确定"按钮。使用切变滤镜后的效果如图 9-10 所示。

图 9-7　"扭曲滤镜"子菜单

图 9-8　打开的图像

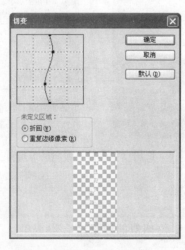

图 9-9　"切变"对话框

图 9-10　切变滤镜效果

9.3.2　扩散亮光滤镜

　　扩散亮光滤镜可以使图像产生光热弥漫的效果,一般用来表现强烈的光线和烟雾效果。

选择"滤镜"→"扭曲"→"扩散亮光"命令,弹出"扩散亮光"对话框,如图 9-11 所示。

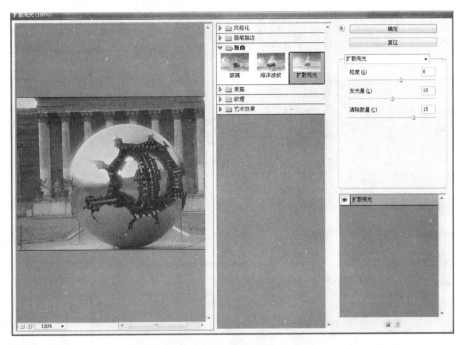

图 9-11   "扩散亮光"对话框

在"粒度"文本框中输入数值,可用来调整杂点颗粒的数量,输入数值范围为 0～10。数值较大时,图像中杂点的数量较多,随着数值的降低,图像中杂点的数量将逐渐减少。

在"发光量"文本框中输入数值,可设置光的散射强度,输入数值范围为 0～20。数值越大,光越强烈;数值较小时,图像将保持原来的样子。

在"清除数量"文本框中输入数值,可设置杂点的清晰度。输入数值范围为 0～20。当数值为 0 时,则看不清原图像。

设置好参数后,单击"确定"按钮即可。使用扩散亮光滤镜前后的效果对比如图 9-12 所示。

图 9-12   使用扩散亮光滤镜前后的效果对比

9.3.3   极坐标滤镜

极坐标滤镜可以将图像从平面坐标转换为极坐标,也可将图像从极坐标转换为平面坐标,从而使图像产生弯曲变形的效果。

打开一幅图像,选择"滤镜"→"扭曲"→"极坐标"命令,可在弹出的"极坐标"对话框中设

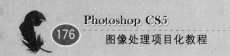
置相关的参数,然后单击"确定"按钮。使用极坐标滤镜前后的效果对比如图 9-13 所示。

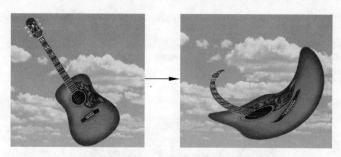

图 9-13　使用极坐标滤镜前后的效果对比

9.3.4　波浪滤镜

波浪滤镜可以使图像产生不同波长形状的波动效果。选择"滤镜"→"扭曲"→"波浪"命令,弹出"波浪"对话框,如图 9-14 所示。

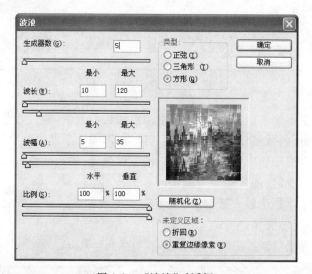

图 9-14　"波浪"对话框

在"生成器数"文本框中输入数值,可设置产生波浪的数值。

在"波长"文本框中输入数值,可设置波的长度。

在"类型"选项区中可选中"正弦"、"三角形"或"方形"单选按钮,设置波的形状。

设置好参数后,单击"确定"按钮。使用波浪滤镜前后的效果对比如图 9-15 所示。

9.3.5　球面化滤镜

球面化滤镜可以使选区中的图像或图层中的图像产生一种球面扭曲的立体效果。打开一幅图像,在其中创建选区,选择"滤镜"→"扭曲"→"球面化"命令,在弹出的"球面化"对话框中设置相关的参数,然后单击"确定"按钮。使用球面化滤镜前后的效果对比如图 9-16 所示。

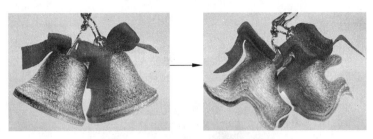

图 9-15 使用波浪滤镜前后的效果对比

图 9-16 使用球面化滤镜前后的效果对比

9.4 杂色滤镜组

使用杂色滤镜组可以添加或减少图像中的杂色。选择"滤镜"→"杂色"命令,弹出如图 9-17 所示的子菜单。

9.4.1 中间值

中间值滤镜可以减少所选择部分像素亮度混合时产生的杂点。打开一幅图像,选择"滤镜"→"杂色"→"中间值"命令,可在弹出的"中间值"对话框中设置"半径"数值,设置好参数后,单击"确定"按钮。使用中间值滤镜前后的效果对比如图 9-18 所示。

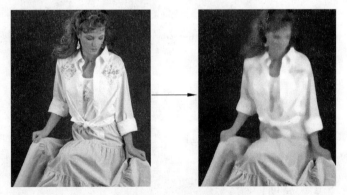

图 9-17 "杂色滤镜"子菜单   图 9-18 使用中间值滤镜前后的效果对比

9.4.2 添加杂色

添加杂色滤镜可以在图像中添加随机像素,也可用于羽化选区或渐变填充中过渡区域的修饰。选择"滤镜"→"杂色"→"添加杂色"命令,弹出"添加杂色"对话框,如图 9-19 所示。

图 9-19 "添加杂色"对话框

在"数量"文本框中输入数值或拖动下方的滑块,可以设置添加杂色的数值。

在"分布"选项区中有两个选项,可用来设置分布杂色的方式。

设置好参数后,单击"确定"按钮。使用添加杂色滤镜前后的效果对比如图 9-20 所示。

图 9-20 使用添加杂色滤镜前后的效果对比

9.5 模糊滤镜组

模糊滤镜组主要是通过削弱相邻像素间的对比度,使图像中相邻像素间过渡平滑,从而产生柔和、模糊的图像效果。选择"滤镜"→"模糊"命令,弹出如图 9-21 所示的子菜单。

9.5.1 高斯模糊

高斯模糊滤镜可以通过调整模糊半径的参数使图像快速模糊,从而产生一种朦胧的效果。打开一幅图像,选择"滤镜"→"模糊"→"高斯模糊"命令,可在弹出的"高斯模糊"对话框中设置"半径"数值,设置好参数后,单击"确定"按钮。使用高斯模糊滤镜前后的效果对比如图 9-22 所示。

图 9-21　"模糊滤镜"子菜单　　　　　图 9-22　使用高斯模糊滤镜前后的效果对比

9.5.2　动感模糊

动感模糊滤镜可在指定的方向上对像素进行线性的移动,使其产生一种运动模糊的效果。选择"滤镜"→"模糊"→"动感模糊"命令,弹出"动感模糊"对话框,如图 9-23 所示。

在"角度"文本框中输入数值,可设置动感模糊的方向。

在"距离"文本框中输入数值,可设置动感模糊的强弱程度,输入的数值越大,模糊效果越强烈。

设置好参数后,单击"确定"按钮。使用动感模糊滤镜前后的效果对比如图 9-24 所示。

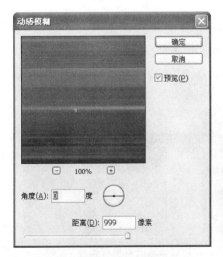

图 9-23　"动感模糊"对话框　　　　　图 9-24　使用动感模糊滤镜前后的效果对比

9.5.3　径向模糊

径向模糊滤镜可对图像进行旋转模糊,也可将图像从中心向外缩放模糊。选择"滤镜"→"模糊"→"径向模糊"命令,弹出"径向模糊"对话框,如图 9-25 所示。

在"数量"文本框中输入数值,可设置模糊的程度。

在"模糊方法"选项区中选中"旋转"单选按钮,可使图像从中心旋转模糊;选中"缩放"单选按钮,可使图像从中心缩放模糊。

设置好参数后,单击"确定"按钮。使用径向模糊滤镜前后的效果对比如图 9-26 所示。

图 9-25 "径向模糊"对话框

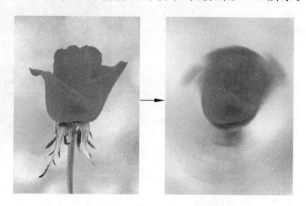

图 9-26 使用径向模糊滤镜前后的效果对比

9.6 渲染滤镜组

渲染滤镜组主要用来模拟光线照明效果,它可以模拟不同的光源效果,使图像产生光照、云彩或镜头光晕等效果。选择"滤镜"→"渲染"命令,弹出如图 9-27 所示的子菜单。

9.6.1 云彩

云彩滤镜可以在图像的前景色和背景色之间随机地抽取像素,再将图像转换为柔和的云彩效果。打开一幅图像,选择"滤镜"→"渲染"→"云彩"命令,系统将自动为图像添加云彩效果。使用云彩滤镜前后的效果对比如图 9-28 所示。

图 9-27 "渲染滤镜"子菜单

图 9-28 使用云彩滤镜前后的效果对比

9.6.2 镜头光晕

镜头光晕滤镜可给图像添加摄像机镜头炫光效果,也可自动调节摄像机炫光位置。选择"滤镜"→"渲染"→"镜头光晕"命令,弹出"镜头光晕"对话框,如图 9-29 所示。

图 9-29 "镜头光晕"对话框

在"亮度"文本框中输入数值,可控制炫光的亮度大小,输入数值范围为0～300。

在"光晕中心"选项的显示框中拖动十字光标可设定炫光位置。

在"镜头类型"选项区中可以选择镜头的类型。

设置好参数后,单击"确定"按钮。使用镜头光晕滤镜前后的效果对比如图 9-30 所示。

图 9-30 使用镜头光晕滤镜前后的效果对比

9.7 画笔描边滤镜组

画笔描边滤镜组可使用不同的画笔和油墨笔触效果使图像产生绘画式或精美艺术的外观。这些滤镜对 CMYK 和 Lab 颜色模式的图像都不起作用。选择"滤镜"→"画笔描边"命令,弹出如图 9-31 所示的子菜单。

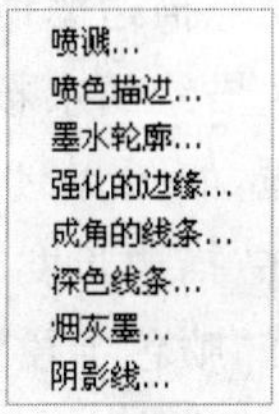

9.7.1 喷溅

喷溅滤镜用于模拟喷枪的效果来绘制图像,使图像产生水珠喷溅的效果。选择"滤镜"→"画笔描边"→"喷溅"命令,弹出"喷溅"对话框,如图 9-32 所示。

喷溅...
喷色描边...
墨水轮廓...
强化的边缘...
成角的线条...
深色线条...
烟灰墨...
阴影线...

图 9-31 "画笔描边滤镜"子菜单

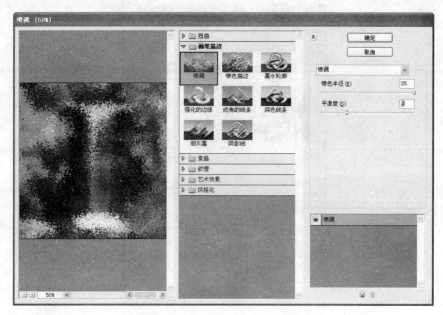

图 9-32　"喷溅"对话框

在"喷色半径"文本框中输入数值,可设置喷枪喷射范围的大小,输入的数值越大,喷射的范围就越大。

在"平滑度"文本框中输入数值,可设置喷射颗粒的平滑程度,输入的数值越大,喷射颗粒就越平滑。

设置好参数后,单击"确定"按钮。使用喷溅滤镜前后的效果对比如图 9-33 所示。

图 9-33　使用喷溅滤镜前后的效果对比

9.7.2　喷色描边

喷色描边滤镜是使用带有一定角度的喷色线条的主导色彩来重新描绘图像,使图像表面产生描绘的水彩画效果。选择"滤镜"→"画笔描边"→"喷色描边"命令,弹出"喷色描边"对话框,如图 9-34 所示。

在"描边长度"文本框中输入数值,可设置笔触的长度,取值范围为 0～20。

在"喷色半径"文本框中输入数值,可设置喷射的范围大小,取值范围为 0～25。

在"描边方向"下拉列表中可选择笔画的方向。

设置好参数后,单击"确定"按钮。使用喷色描边滤镜前后的效果对比如图 9-35 所示。

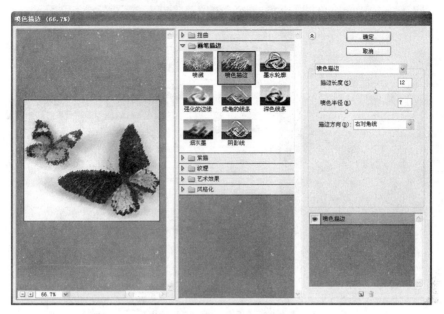

图 9-34   "喷色描边"对话框

图 9-35   使用喷色描边滤镜前后的效果对比

9.7.3   成角的线条

成角的线条滤镜使用对角线描绘图像,使图像中较亮的区域用一个方向的线条绘制,较暗的区域用相反方向的线条绘制。选择"滤镜"→"画笔描边"→"成角的线条"命令,弹出"成角的线条"对话框,如图 9-36 所示。

在"方向平衡"文本框中输入数值,可设置线条倾斜的方向,输入数值范围为 0～100。设置为 0 时,线条方向从右上方向左下方倾斜;设置为 100 时,则线条方向从左上方向右下方倾斜。

在"描边长度"文本框中输入数值,可设置线条的长度,输入数值范围为 3～50。

在"锐化程度"文本框中输入数值,可设置画笔线条的尖锐程度,输入数值范围为 0～10。数值较大时,产生的线条比较模糊。

设置好参数后,单击"确定"按钮。使用成角的线条滤镜前后的效果对比如图 9-37 所示。

图 9-36 "成角的线条"对话框

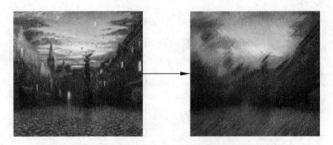

图 9-37 使用成角的线条滤镜前后的效果对比

9.8 素描滤镜组

素描滤镜组可以使图像产生模拟素描、手工速写或绘制艺术图像的效果,也可产生三维效果。该滤镜组中的大多数滤镜都需要前景色与背景色的配合来产生不同的效果。选择"滤镜"→"素描"命令,弹出如图 9-38 所示的子菜单。

9.8.1 水彩画纸

水彩画纸滤镜可以使图像产生类似在潮湿的纸上绘图而产生画面浸湿的效果。选择"滤镜"→"素描"→"水彩画纸"命令,弹出"水彩画纸"对话框,如图 9-39 所示。

在"纤维长度"文本框中输入数值可设置扩散的程度与画笔的长度。

图 9-38 "素描滤镜"
子菜单

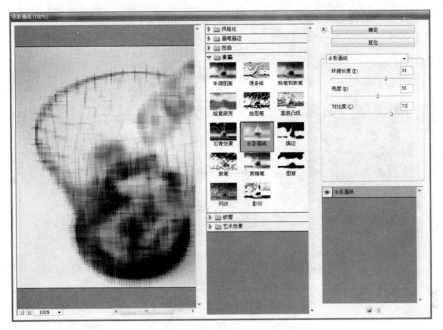

图 9-39 "水彩画纸"对话框

在"亮度"文本框中输入数值可设置图像的亮度。

在"对比度"文本框中输入数值可设置图像的对比度。

设置好参数后,单击"确定"按钮。使用水彩画纸滤镜前后的效果对比如图 9-40 所示。

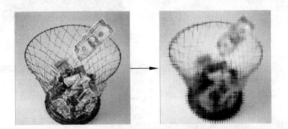

图 9-40 使用水彩画纸滤镜前后的效果对比

9.8.2 影印

影印滤镜可用前景色与背景色来模拟影印图像效果,图像中的较暗区域显示为背景色,较亮区域显示为前景色。选择"滤镜"→"素描"→"影印"命令,弹出"影印"对话框,如图 9-41 所示。

在"细节"文本框中输入数值,可设置图像影印效果细节的明显程度。

在"暗度"文本框中输入数值,可设置图像较暗区域的明暗程度,输入数值越大,暗区越暗。

设置好参数后,单击"确定"按钮。使用影印滤镜前后的效果对比如图 9-42 所示。

9.8.3 铬黄

铬黄滤镜可以模拟发光的液态金属效果,使图像产生金属质感效果。选择"滤镜"→"素描"→"铬黄"命令,弹出"铬黄渐变"对话框,如图 9-43 所示。

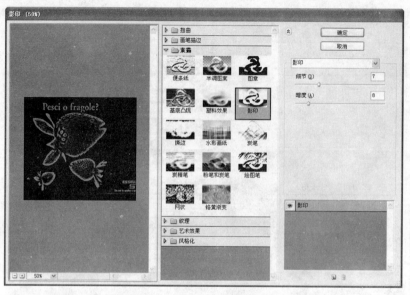

图 9-41 "影印"对话框

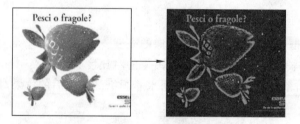

图 9-42 使用影印滤镜前后的效果对比

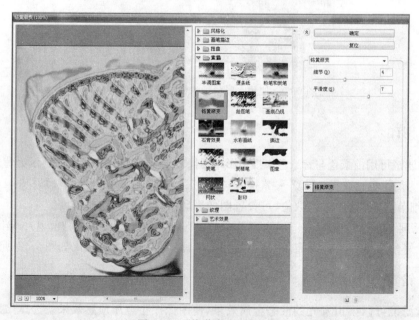

图 9-43 "铬黄渐变"对话框

在"细节"文本框中输入数值,可设置原图像细节保留的程度。

在"平滑度"文本框中输入数值,可设置铬黄效果纹理的光滑程度。

设置好参数后,单击"确定"按钮。使用铬黄渐变滤镜前后的效果对比如图 9-44 所示。

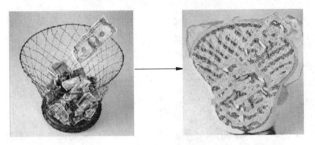

图 9-44　使用铬黄渐变滤镜前后的效果对比

9.9　纹理滤镜组

纹理滤镜组可为图像添加各种纹理,产生深度感和材质感。选择"滤镜"→"纹理"命令,
弹出如图 9-45 所示的子菜单。

9.9.1　染色玻璃

染色玻璃滤镜可以使图像产生不规则的玻璃网格,每一格的颜色
由该格的平均颜色来显示。选择"滤镜"→"纹理"→"染色玻璃"命令,
弹出"染色玻璃"对话框,如图 9-46 所示。

在"单元格大小"义本框中输入数值,可设置彩色玻璃格子的人小。

| 拼缀图... |
| 染色玻璃... |
| 纹理化... |
| 颗粒... |
| 马赛克拼贴... |
| 龟裂缝... |

图 9-45　"纹理滤镜"
子菜单

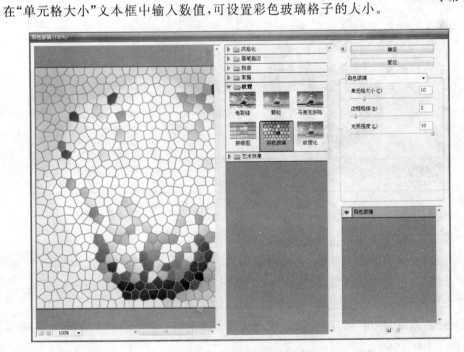

图 9-46　"染色玻璃"对话框

在"边框粗细"文本框中输入数值,可设置彩色玻璃格子边线的宽度。

在"光照强度"文本框中输入数值,可设置灯光的强度,输入数值范围为0～10。

设置好参数后,单击"确定"按钮。使用染色玻璃滤镜前后的效果对比如图9-47所示。

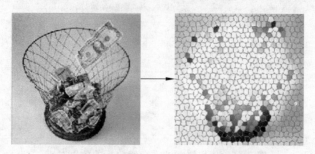

图9-47 使用染色玻璃滤镜前后的效果对比

9.9.2 纹理化

纹理化滤镜可以为图像添加预设的纹理或自己创建的纹理效果。选择"滤镜"→"纹理"→"纹理化"命令,弹出"纹理化"对话框,如图9-48所示。

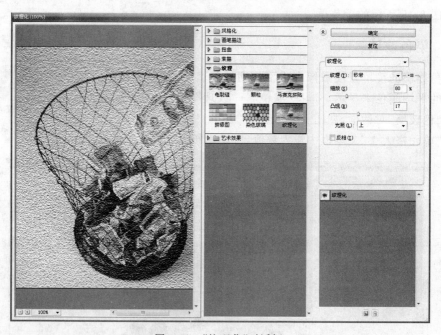

图9-48 "纹理化"对话框

在"纹理"下拉列表中可选择纹理的类型。

在"缩放"文本框中输入数值,可调整纹理的缩放比例,输入数值范围为50%～200%。

在"凸现"文本框中输入数值,可调节纹理的凸现程度,输入数值范围为0～50。

在"光照"下拉列表中可选择灯光照射的方向。

设置好参数后,单击"确定"按钮。使用纹理化滤镜前后的效果对比如图9-49所示。

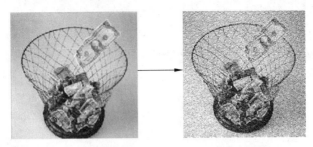

图 9-49　使用纹理化滤镜前后的效果对比

9.9.3　龟裂缝

龟裂缝滤镜可使图像产生凹凸不平的浮雕或石制品特有的龟裂缝效果。选择"滤镜"→"纹理"→"龟裂缝"命令,弹出"龟裂缝"对话框,如图 9-50 所示。

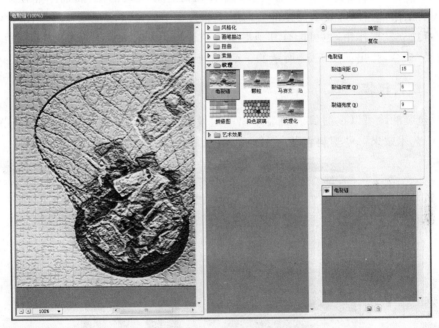

图 9-50　"龟裂缝"对话框

在"裂缝间距"文本框中输入数值,可调整裂痕纹理的间距,输入数值范围为 2～100。参数设置为 100 时,图像中有非常稀疏的裂纹。

在"裂缝深度"文本框中输入数值,可调整裂痕的深度,输入数值范围为 0～10。当该数值设为 0 时,裂痕非常浅;数值设为 10 时,图像变得非常暗以至失去了原来的面目。

在"裂缝亮度"文本框中输入数值,可调节裂痕的亮度,输入数值范围为 0～10。当该数值设为 0 时,裂痕将表现为黑色,设置值过高时,由于过亮而失去了它应有的特性。

设置好参数后,单击"确定"按钮。使用龟裂缝滤镜前后的效果对比如图 9-51 所示。

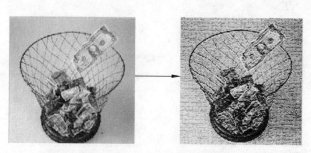

图 9-51 使用龟裂缝滤镜前后的效果对比

9.10 艺术效果滤镜组

艺术效果滤镜组仅用于 RGB 色彩模式和多通道色彩模式的图像，而不能在 CMYK 或 Lab 模式下工作。它们都要求图像的当前层不能为全空。这组滤镜可以制作各种各样的艺术效果，可独立发挥作用，也可配合其他滤镜效果使用，以取得理想的效果。选择"滤镜"→"艺术效果"命令，弹出如图 9-52 所示的子菜单。

9.10.1 塑料包装

塑料包装滤镜可以在图像表面显示出一层发光的塑料效果来强调图像的细节。选择"滤镜"→"艺术效果"→"塑料包装"命令，弹出"塑料包装"对话框，如图 9-53 所示。

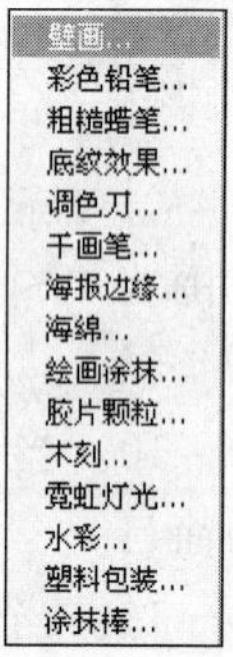

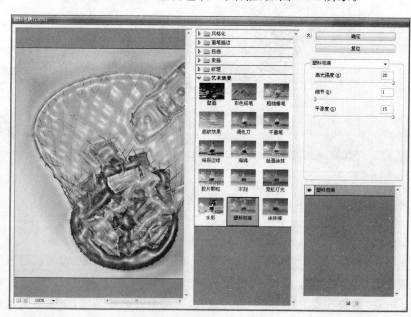

图 9-52 艺术效果滤
　　　镜子菜单

图 9-53 "塑料包装"对话框

在"高光强度"文本框中输入数值，可设置图像表面的光亮度。

在"细节"文本框中输入数值，可设置塑料包装边缘的细节。输入的数值越大，其细节越明显。

在"平滑度"文本框中输入数值,可设置产生效果的平滑程度。

设置好参数后,单击"确定"按钮。使用塑料包装滤镜前后的效果对比如图 9-54 所示。

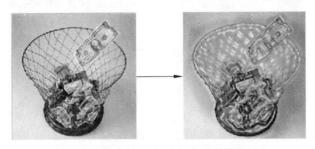

图 9-54　使用塑料包装滤镜前后的效果对比

9.10.2　干画笔

干画笔滤镜通过将图像的颜色范围降到普通颜色范围来简化图像,使画面产生一种不饱和、不湿润、干枯的油画效果。选择"滤镜"→"艺术效果"→"干画笔"命令,弹出"干画笔"对话框,如图 9-55 所示。

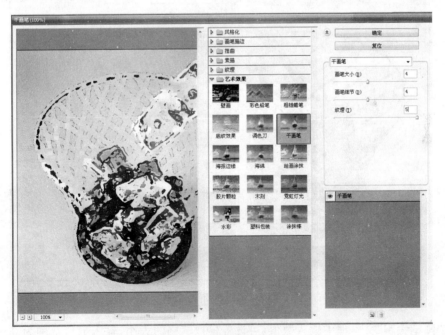

图 9-55　"干画笔"对话框

在"画笔大小"文本框中输入数值,可设置模拟笔刷的大小,输入数值范围为 0～10。

在"画笔细节"文本框中输入数值,可调节笔刷的细腻程度,输入数值范围为 0～10。该参数的设置决定了从原图像中捕获的细微层次的数量。

在"纹理"文本框中输入数值,可调节图像效果颜色之间的过渡变形程度。输入数值范围为 1～3。数值设为 1 时,能产生一种光滑效果的图像;数值设为 3 时,图像将会增加一些

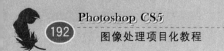

原图像中不曾有的微小像素,即图像中增加了像素斑点。

设置好参数后,单击"确定"按钮。使用干画笔滤镜前后的效果对比如图 9-56 所示。

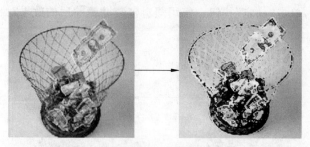

图 9-56 使用干画笔滤镜前后的效果对比

9.10.3 壁画

壁画滤镜能够使图像产生一种古壁画的斑点效果。选择"滤镜"→"艺术效果"→"壁画"命令,弹出"壁画"对话框,如图 9-57 所示。

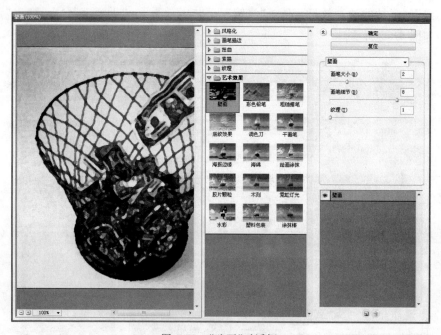

图 9-57 "壁画"对话框

在"画笔大小"文本框中输入数值,可设置模拟笔刷的大小,输入数值范围为 0～10。当数值设为 0 时,模拟笔刷最小,相反则笔刷最大。

在"画笔细节"文本框中输入数值,可设置笔触的细腻程度,输入数值范围为 0～10。该数值决定了从处理的图像中捕获的细微层次的数量。

在"纹理"文本框中输入数值,可设置壁画效果的颜色过渡变形值,输入数值范围为 1～3。

设置好参数后,单击"确定"按钮。使用壁画滤镜前后的效果对比如图 9-58 所示。

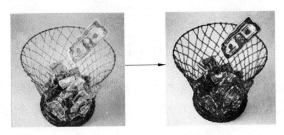

图 9-58 使用壁画滤镜前后的效果对比

9.10.4 木刻

木刻滤镜是利用版画和雕刻原理来处理图像,使图像看起来好像是由粗糙剪切的彩纸组成的。选择"滤镜"→"艺术效果"→"木刻"命令,弹出"木刻"对话框,如图 9-59 所示。

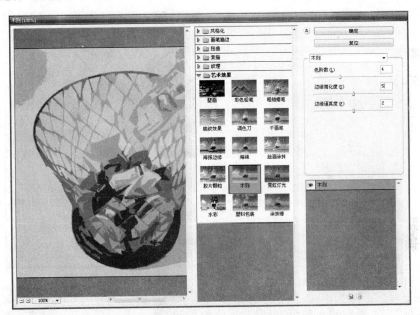

图 9-59 "木刻"对话框

在"色阶数"文本框中输入数值,可设置图像色彩的层次。

在"边缘简化度"文本框中输入数值,可设置边缘的简化程度。

在"边缘逼真度"文本框中输入数值,可设置边缘的真实度。数值越大,其图像真实度越高。

设置好参数后,单击"确定"按钮。使用木刻滤镜前后的效果对比如图 9-60 所示。

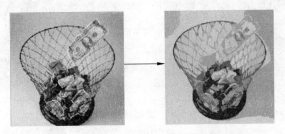

图 9-60 使用木刻滤镜前后的效果对比

9.11 锐化滤镜组

锐化滤镜组主要通过增加相邻像素之间的对比度来减弱和消除图像的模糊程度，使图像变得更加清晰，从而达到锐化的效果。选择"滤镜"→"锐化"命令，弹出如图 9-61 所示的子菜单。

9.11.1 USM 锐化

使用 USM 锐化滤镜可以在图像边缘的两侧分别制作一条明线或暗线，以调整其边缘细节的对比度，最终使图像的边缘轮廓锐化。选择"滤镜"→"锐化"→"USM 锐化"命令，弹出"USM 锐化"对话框，如图 9-62 所示。

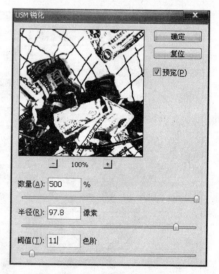

图 9-61 "锐化滤镜"子菜单

图 9-62 "USM 锐化"对话框

在"数量"文本框中输入数值，可设置锐化的程度。

在"半径"文本框中输入数值，可设置边缘像素周围影响锐化的像素数。

在"阈值"文本框中输入数值，可设置锐化的相邻像素之间的最低差值。

设置好参数后，单击"确定"按钮。使用 USM 锐化滤镜前后的效果对比如图 9-63 所示。

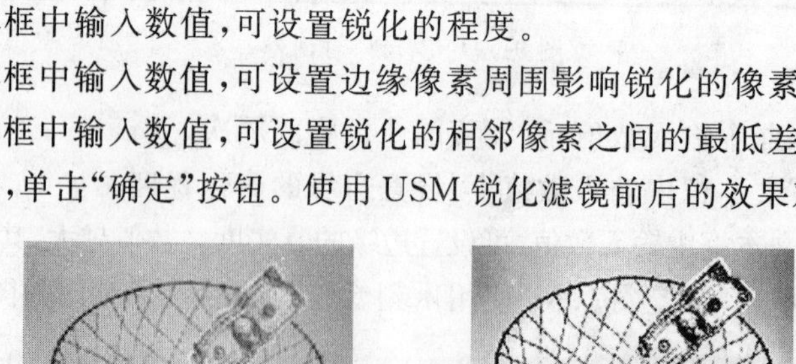

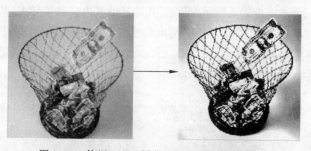

图 9-63 使用 USM 锐化滤镜前后的效果对比

9.11.2　锐化

锐化滤镜可以提高相邻像素之间的对比度,使图像更加清晰。使用该命令时无参数设置对话框。打开一幅图像,选择"滤镜"→"锐化"→"锐化"命令,系统将自动对图像进行调整,使用锐化滤镜前后的效果对比如图 9-64 所示。

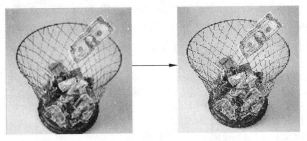

图 9-64　使用锐化滤镜前后的效果对比

9.12　风格化滤镜组

风格化滤镜组通过移动或置换图像像素的方式来产生印象派或其他风格的图像效果。选择"滤镜"→"风格化"命令,弹出如图 9-65 所示的子菜单。

9.12.1　凸出

凸出滤镜可将图像转变为凸出的三维锥体或立方体,使其产生 3D 纹理效果。选择菜单栏中的"滤镜"→"风格化"→"凸出"命令,弹出"凸出"对话框,如图 9-66 所示。

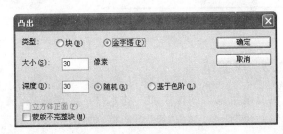

图 9-65　"风格化滤镜"子菜单　　　　　　　图 9-66　"凸出"对话框

在该对话框中设置好参数,单击"确定"按钮。使用凸出滤镜前后的效果对比如图 9-67 所示。

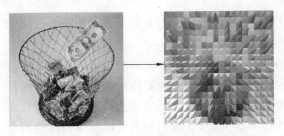

图 9-67　使用凸出滤镜前后的效果对比

9.12.2 浮雕效果

浮雕效果滤镜是将图像中的颜色转换为灰色,并用原来的颜色勾画图像边缘,使图像下陷或凸出,产生类似浮雕的效果。选择"滤镜"→"风格化"→"浮雕效果"命令,弹出"浮雕效果"对话框,如图 9-68 所示。

在"角度"文本框中输入数值,可设置光线照射的角度值,输入数值范围为 0~360°。

在"高度"文本框中输入数值,可设置浮雕凸起的高度,输入数值范围为 1~10。

在"数量"文本框中输入数值,可设置凸出部分细节的百分比,输入数值范围为 1%~500%。

设置好参数后,单击"确定"按钮。使用浮雕滤镜前后的效果对比如图 9-69 所示。

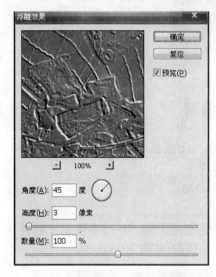

图 9-68 "浮雕效果"对话框

图 9-69 使用浮雕效果滤镜前后的效果对比

9.12.3 风滤镜

风滤镜可以为图像添加一些水平的细微线条,从而产生吹风的效果。选择"滤镜"→"风格化"→"风"命令,弹出"风"对话框,如图 9-70 所示。

在"方法"选项区中可选择风的样式,在"方向"选项区中可选择风的方向,设置完成后,单击"确定"按钮。使用风滤镜前后的效果对比如图 9-71 所示。

9.12.4 照亮边缘

照亮边缘滤镜可以查找图像中的轮廓,并对其进行加亮。选择"滤镜"→"风格化"→"照亮边缘"命令,弹出"照亮边缘"对话框,如图 9-72 所示。

在"边缘宽度"文本框中输入数值,可设置描绘边缘线条的宽度。

在"边缘亮度"文本框中输入数值,可设置描绘边缘线条的亮度。

在"平滑度"文本框中输入数值,可设置描绘边缘线条的平滑程度。

设置好参数后,单击"确定"按钮。使用照亮边缘滤镜前后的效果对比如图 9-73 所示。

图 9-70 "风"对话框

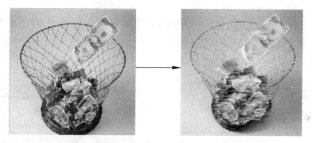

图 9-71 使用风滤镜前后效果对比

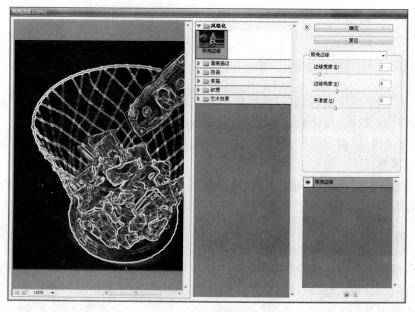

图 9-72 "照亮边缘"对话框

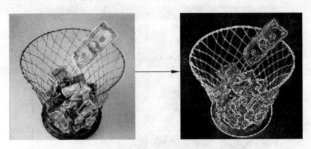

图 9-73　使用照亮边缘滤镜前后的效果对比

9.13　其他滤镜组

其他滤镜组主要用于修饰图像的部分细节,同时也可以创建一些用户自定义的特殊效果。选择"透镜"→"其他"命令,弹出如图 9-74 所示的子菜单。

9.13.1　位移

位移滤镜可以将图像水平或垂直移动一定的数量,移动留下的空白区域可用图像的折回部分或图像边缘像素填充。选择"透镜"→"其他"→"位移"命令,弹出"位移"对话框,如图 9-75 所示。

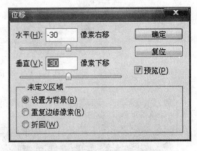

图 9-74　"其他滤镜"子菜单　　　　　　　图 9-75　"位移"对话框

在"水平"文本框中输入数值,可设置图像在水平方向上向左或向右的偏移量。在"垂直"文本框中输入数值,可设置图像在垂直方向上向上或向下的偏移量。

在"未定义区域"选项区中,选中"设置为背景"单选按钮,可将图像移动后留下的空白区域以透明色填充;选中"重复边缘像素"单选按钮,可将图像移动后留下的空白区域用图像边缘的像素填充;选中"折回"单选按钮,可将图像移动后的区域用图像折回部分填充。

设置好参数后,单击"确定"按钮。使用位移滤镜前后的效果对比如图 9-76 所示。

9.13.2　最大值

最大值滤镜可以强化图像中的亮色调并减弱暗色调。选择"滤镜"→"其他"→"最大值"命令,可在弹出的"最大值"对话框中设置"半径"数值,设置好参数后,单击"确定"按钮。使用最大值滤镜前后的效果对比如图 9-77 所示。

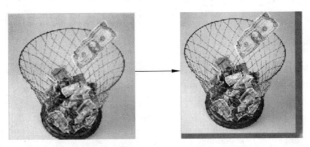

图 9-76　使用位移滤镜前后的效果对比

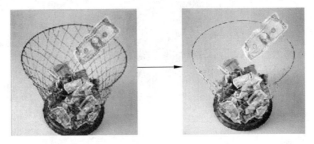

图 9-77　使用最大值滤镜前后的效果对比

9.14　插件滤镜的使用

在 Photoshop CS5 中常用的插件滤镜包括抽出、液化及图案生成器滤镜等,下面将具体进行介绍。

9.14.1　抽出滤镜

使用抽出滤镜可以很轻易地将图像从背景中提取出来,其具体的操作方法如下。

(1) 选择"滤镜"→"抽出"命令,弹出"抽出"对话框,如图 9-78 所示。

图 9-78　"抽出"对话框

（2）单击对话框左侧的"边缘高光器工具"按钮 ，在图像中勾画出一个闭合的边缘高光线，将图像和背景分离，如图 9-79 所示。

图 9-79　边缘高光线的效果

（3）单击对话框左侧的"填充工具"按钮 ，对边缘高光线围成的闭合区域进行填充，如图 9-80 所示，在对话框右侧的"填充"下拉列表中可设置填充颜色。

图 9-80　填充的效果

（4）单击对话框左侧的"橡皮擦工具"按钮 ，可将选取的不满意的高光区域擦除。

（5）单击"预览"按钮，可对抽出的结果进行预览，如图 9-81 所示。

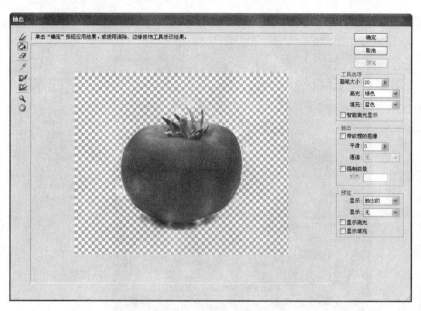

图 9-81　预览抽出的结果

（6）单击对话框左侧的"清除工具"按钮 ，将不需要的背景擦除。

（7）单击对话框左侧的"边缘修饰工具"按钮 ，将已擦除的边缘细节恢复，来修整抽出的效果。

（8）单击"确定"按钮确认抽出操作，得到最终的效果如图 9-82 所示。

图 9-82　抽出的图像效果

9.14.2　图案生成器滤镜

利用图案生成器滤镜命令可以将选区中的图像生成纹理图案，其具体的操作方法如下。

（1）打开一幅图像，选择"滤镜"→"图案生成器"命令，弹出"图案生成器"对话框，单击其右上角的"矩形选框工具"按钮 ，在图像中创建选区，如图 9-83 所示。

图 9-83 "图案生成器"对话框

（2）创建完成后，单击"生成"按钮，可得到该区域图像生成的图案，如图 9-84 所示。

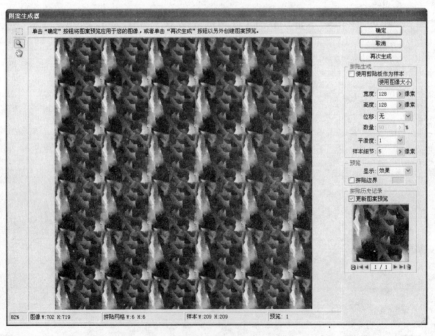

图 9-84 生成图案

（3）若对生成图案不满意，可再次单击"再次生成"按钮，可再次随机生成图案。

9.15 任务实现

9.15.1 为图像添加浪漫雪花

利用所学的知识为图像添加浪漫雪花效果,操作步骤如下。

(1)打开一幅图像,如图 9-85 所示,新建"图层 1",设置前景色为黑色,按 Alt＋Delete 组合键将"图层 1"填充为黑色。

图 9-85 打开的图像

(2)选择"滤镜"→"杂色"→"添加杂色"命令,弹出"添加杂色"对话框,设置参数如图 9-86 所示。设置完成后,单击"确定"按钮,效果如图 9-87 所示。

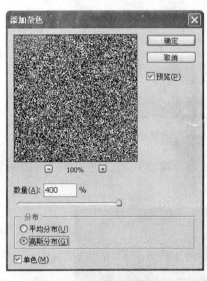

图 9-86 "添加杂色"对话框

图 9-87 应用添加杂色滤镜的效果

(3)选择"滤镜"→"其他"→"自定"命令,弹出"自定"对话框,设置参数如图 9-88 所示。设置完成后,单击"确定"按钮,效果如图 9-89 所示。

(4)单击工具箱中的"矩形选框工具"按钮，在图像中创建一个矩形选区,效果如图 9-90 所示。

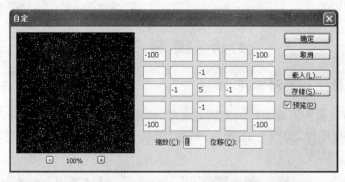

图 9-88 "自定"对话框

图 9-89 自定滤镜的效果

图 9-90 创建的矩形选区

（5）按 Ctrl＋C 组合键复制选区中的图像内容，再按 Ctrl＋V 组合键粘贴选区中的图像，在图层面板中自动生成"图层 2"，按 Ctrl＋T 组合键执行自由变换命令，如图 9-91 所示，将图层 2 中的图像调整到和原图大小相同，如图 9-92 所示。

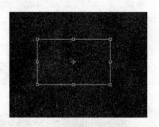

图 9-91 执行自由变换命令

图 9-92 调整后的图像效果

（6）按 Enter 键确认变换操作，将"图层 2"的混合模式设置为"滤色"，将"不透明度"设为 70％，"图层"面板及其效果如图 9-93 所示。

(a)

(b)

图 9-93 "图层"面板及其效果

(7) 将"图层 2"作为当前图层,重复步骤(4)~(6)的操作,调整后的图层及图像效果如图 9-94 所示。

图 9-94　调整后的图层及图像效果

(8) 在图层面板中将"图层 1"删除,最终效果如图 9-95 所示。

图 9-95　为图像添加浪漫雪花的效果

9.15.2　制作摩托车宣传广告

利用所学的知识制作摩托车宣传广告,操作步骤如下。

(1) 单击"文件"→"打开"命令,打开如图 9-96 所示的图像文件。

(2) 选择"图像"→"调整"→"亮度/对比度"命令,弹出"亮度/对比度"对话框,如图 9-97 所示设置参数。

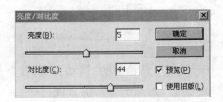

图 9-96　打开图像文件　　　　　　　　图 9-97　"亮度/对比度"对话框

(3) 单击"确定"按钮,效果如图 9-98 所示。

图 9-98　调整后的图像

(4) 选择"滤镜"→"渲染"→"镜头光晕"命令,弹出"镜头光晕"对话框,设置参数如图 9-99 所示,单击"确定"按钮,效果如图 9-100 所示。

图 9-99　"镜头光晕"对话框

图 9-100　应用镜头光晕后的效果

(5) 再打开一幅摩托车图像,单击工具箱中的"魔棒工具"按钮 ,参数设置如图 9-101 所示,在摩托车所在图像中白色区域单击,然后按 Ctrl+Shift+I 组合键选区,选取图像中的摩托车,如图 9-102 所示。

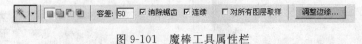

图 9-101　魔棒工具属性栏

(6) 利用工具箱中的"移动工具"按钮 ,将选取的摩托车图像拖曳至图 9-100 中,自动生成"图层 1",按 Ctrl+T 组合键,执行自由变换命令,调整其大小和位置,效果如图 9-103 所示。

图 9-102　选取摩托车

图 9-103　调整摩托车的大小

（7）复制"图层 1"生成"图层 1 副本"，并将该图像隐藏。"图层"面板如图 9-104 所示。

（8）将"图层 1"作为当前图层，选择"滤镜"→"模糊"→"动感模糊"命令，弹出"动感模糊"对话框，设置参数如图 9-105 所示，单击"确定"按钮，效果如图 9-106 所示。

图 9-104　"图层"面板

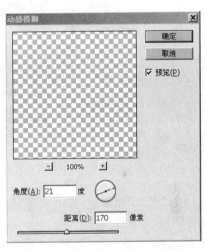

图 9-105　"动感模糊"对话框

（9）将"图层 1 副本"层作为当前工作层，并取消隐藏，利用移动工具将其移动到合适的位置，效果如图 9-107 所示。

图 9-106　模糊后的效果

图 9-107　调整后的效果

（10）单击工具箱中的"横排文字工具"按钮 **T.**，其属性栏参数设置如图 9-108 所示。然后输入文字"拥有三匹狼"，并在"图层"面板中，右击该文本图层，在弹出的快捷菜单中选择"混合选项"命令，弹出"图层样式"对话框，设置参数如图 9-109 所示，单击"确定"按钮，效果如图 9-110 所示。

图 9-108　横排文字工具属性栏

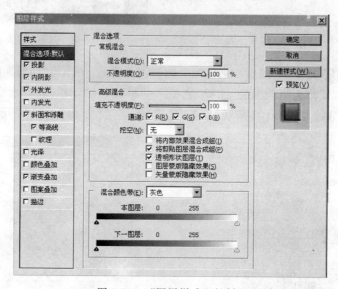

图 9-109　"图层样式"对话框

（11）在"图层"面板中，右击该文本图层，在弹出的快捷菜单中选择"栅格化图层"命令，栅格化该图层。

（12）选择"滤镜"→"模糊"→"高斯模糊"命令，弹出"高斯模糊"对话框，设置参数如图 9-111 所示。

图 9-110　混合的效果

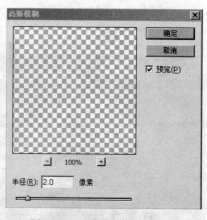

图 9-111　"高斯模糊"对话框

（13）单击"确认"按钮，效果如图 9-112 所示。

图 9-112　模糊效果

（14）继续输入文字"世界任我飞"。在"图层"面板中，右击该文本图层，在弹出的快捷菜单中选择"混合选项"命令，弹出"图层样式"对话框，设置参数如图 9-113 所示。

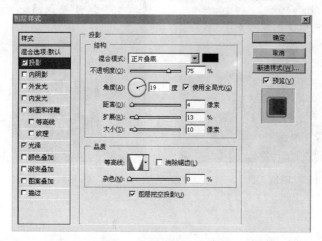

图 9-113　"图层样式"对话框

（15）单击"确定"按钮，效果如图 9-114 所示。

图 9-114　摩托车广告的效果

小　结

　　本章主要介绍了 Photoshop CS5 中滤镜应用的基础知识和一些常用的滤镜命令效果。通过对项目的学习,读者应了解和掌握 Photoshop CS5 中滤镜的使用方法和技巧,并通过反复的实践学习,合理地搭配应用各种滤镜,方可创作出精美的图像效果。

习　题

　　1. 打开一幅图像文件,如图 9-115 所示,练习使用本章所讲的滤镜命令对其进行操作,并观察其应用后的效果。

　　2. 制作燃烧字效果,如图 9-116 所示。

图 9-115　图像文件　　　　　　　　　　　图 9-116　燃烧字的效果

第10章

打 印 输 出

当设计完成一幅作品后,总希望将图像输出为可以拿在手上观看或相互传阅的图像成品,下面就介绍图像的打印输出。通过本项目的学习,用户应掌握如何将一幅完整的作品打印出来。

学习要点

- 图像打印基础
- 页面设置
- 设置打印选项
- 打印输出

学习任务

任务 打印手机广告图像

10.1 图像打印基础

图像处理完成后,便可通过打印的方式将图像输出,其打印效果主要取决于打印机的档次和所用的纸张。

1. 打印之前的注意事项

在打印之前要着重检查以下几个方面。

(1) 图像的尺寸和分辨率。

(2) 图像的色彩模式。

(3) 纸张是否正确设置。

2. 打印尺寸

打印页面是一个标准尺寸,定义为英寸。打印机的驱动一般以英寸为默认标准,除非用户自选标准。为了确保图像按其原始尺寸在纸上打印出来,输入的分辨率应该包括扫描分辨率和打印分辨率,只有这样图像才会以实际尺寸打印出来。

TIF 和 JPEG 格式的文件可以将分辨率存储在文件中,以方便使用,GIF 格式的文件却不能存储分辨率。

3. 打印分辨率

下面举例说明这个问题。比如,有一张分辨率为 1200 像素的图像,想把它打印成 9 英寸的图像,则 1200 像素/9 英寸=133dpi,所以,要将图像的打印分辨设定为 133dpi。同时,这也意味着在扫描时最少要达到 133dpi 的分辨率才能保证图像的打印质量。其实,扫描时是不是用 133dpi(如 150dpi 等)并不重要,因为只要把打印机上的打印分辨率设定为 133dpi,打印机就会以 133dpi 进行打印,打印出的照片就会是 9 英寸。

如果用一台 100dpi 的打印机,那么 133dpi 就有点多余了,有些像素会被打印机清除掉,但打印结果还是 9 英寸,只是图像质量有差别。如果用一台 180dpi 的打印机,那么 133dpi 的分辨率就不够了,图像会不够清晰,尺寸仍是 9 英寸。

一般来说,如果要增加打印尺寸,可以使用两种方法:降低打印分辨率或增加图像像素。如果希望增加分辨率,可以用一个更大的图像,或者用较小的打印尺寸。图像越大意味着像素越多,有足够的像素对于大幅图像打印非常重要。打印尺寸较大的图像在屏幕上将显示得非常大,要比一般尺寸大 2～3 倍。把一张 1200 像素的图像在 200dpi 下打印成 10 英寸,这在数字的运算上是行不通的。因为在 200dpi 下打印 10 英寸的图像需要一张 200dpi×10 英寸=2000 像素的图像。所以,一般要相应地在运算出的图像像素量上再加大一些,这样打印时会更容易达到预期的效果。

决定图像质量的最主要因素是像素总量。当打印较大尺寸的图像时,扫描分辨率大一些会更好。

扫描分辨率运算的基本公式是:dpi=打印图片宽度/原始图片宽度×1 像素×1.5。

这是一种基本的准则,适用于任何地方。在要求较高的情况下,可以使用的公式为打印图片宽度/原始图片宽度×1 像素×2.0。如果扫描用途仅仅是为了屏幕显示或一般家用打印,可以使用的公式为打印图片宽度/原始图片宽度×1 像素×1 像素。

10.2 页面设置

选择"文件"→"页面设置"命令,可弹出"页面设置"对话框,如图 10-1 所示。

图 10-1 "页面设置"对话框

在该对话框中可以选择所使用的纸张类型和方向。在"大小"下拉列表中列出了各种常用的纸张类型和它们的宽度、高度,可以根据需要从中选择需要的纸张类型。在"来源"下拉列表中列出了打印机的各个进纸方式,可以根据需要从中选择。选中"纵向"单选按钮,可将选下的图像竖直打印出来。选中"横向"单选按钮,可将选定的图像横向打印出来。

根据所选的打印机不同,"页面设置"对话框中的一些选项也有些不同。这些选项一般都是在"打印"对话框中进行设置的,在第 10.3 节中将进行详细介绍。

10.3　设置打印选项

选择"文件"→"打印"命令，可弹出"打印"对话框，如图 10-2 所示。

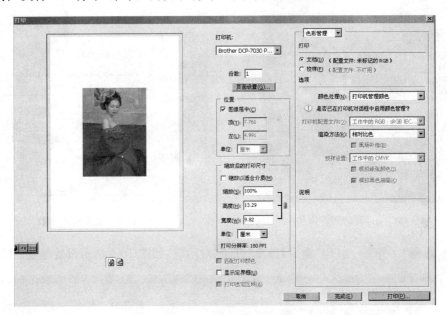

图 10-2　"打印"对话框

在该对话框中，如果不需要修改任何参数，则可直接单击"打印"按钮进行打印输出，默认的打印尺寸是依照图像文件所包含的打印信息打印。数码图像本身只有纵向、横向的像素数，本身并不包含打印尺寸，打印信息是附加在图像文件上的，可通过多种方法来改变打印的尺寸。

如果需要对本次打印有关的所有选项进行设置，在"打印机"下拉列表中选择与计算机相连接的打印机；可在"份数"文本框中输入打印的份数；在"位置"选项区中可设置打印图像相对于打印纸张的位置；在"缩放后的尺寸"选项区中可将图像做一定比例的缩放后再打印出来；选中"显示定界框"则显示图像的边缘。设置完成后，单击"打印"按钮，可直接将图像文件打印出来；单击"完成"按钮，可确定对话框中的所有设置。

10.4　任务实现

下面利用所学的知识打印手机广告图像，操作步骤如下。

（1）按 Ctrl＋O 组合键，打开一幅需要打印输出的作品，如图 10-3 所示。

（2）选择"文件"→"页面设置"对话框，如图 10-4 所示设置参数。设置完成后，单击"确定"按钮，确定页面设置。

图 10-3　打开的图像文件

图 10-4　设置页面参数

(3) 选择"文件"→"打印"命令,弹出"打印"对话框,如图 10-5 所示设置参数。

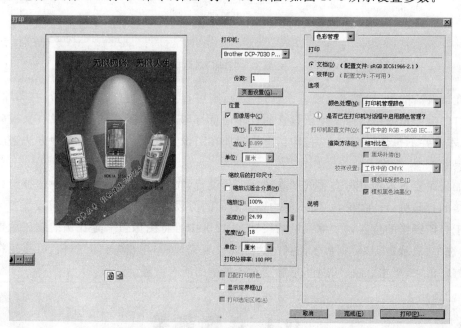

图 10-5　设置打印参数

(4) 设置完成后,直接单击"打印"按钮,可弹出"打印"对话框,如图 10-6 所示。

(5) 在其中进行不同的设置,完成后单击"确定"按钮,图像会立即被打印出来。

图 10-6 确认打印

小　结

本章介绍了 Photoshop CS5 中图像打印设置和打印输出的方法。希望通过本章的学习，使读者能够初步掌握在 Photoshop CS5 中进行图像打印的相关技巧。

习　题

在 Photoshop CS5 中打开图 10-7 所示的图像，并将它按自己的需要打印出来。

图 10-7 图像

参 考 文 献

[1] 郭玉红.新编中文 Photoshop CS 综合应用教程[M].西安：西北工业大学出版社,2006.

[2] 杨聪.Photoshop 平面设计案例实训教程[M].北京：中国人民大学出版社,2009.

[3] 吴建平,王雪蓉,汪婵婵.Photoshop CS5 图形图像处理任务驱动式教程[M].北京：机械工业出版
社,2012.

[4] 张燕丽,王刚.Photoshop CS5 基础与应用[M].上海：上海交通大学出版社,2012.

[5] 文杰书院.Photoshop CS5 图像处理基础教程[M].北京：清华大学出版社,2012.